爱意浓浓的祖母方格

适合居家的传统钩针编织华丽变身

（澳）莎拉·伦敦　著
常丽丽　译

河南科学技术出版社
·郑州·

目录

前言

钩针编织，尤其是祖母方格钩织，近来风头又起，再次流行开来。从国际T台到万千百姓的家里，都可以看到它们的身姿。好像全世界都迷上了这些小方块。但是，这又是必然的，不是吗？

我在很小的时候就开始迷恋这些小方格了。少时，围坐在奶奶身边看她飞针走线，钩出一块块色彩斑斓的方块，美丽极了。之后，她把这些方块拼在一起做成充满温暖和爱意的五彩睡毯，而引我入胜的正是这绚丽的色彩。看着这些颜色各异却相得益彰的方块作品，心中真是舒畅啊！

我写本书的初衷就是让想学钩针编织的朋友从祖母方格钩织入手扮靓自己的小家。如果你已经有了学习钩针编织的计划，相信你看完本书后一定会有拿起钩针一试身手的热情与冲动。若你是已经有些许钩织基础的朋友，希望本书可以在色彩上激发出你更多的灵感，大胆创新，多出佳作。大胆尝试不同色彩的组合，你一定会收获令人惊艳的作品。

关于本书的内容，以下稍作介绍。第一章介绍有关钩针编织的基本针法和技巧，学完之后就可以依次按章学习钩织适合各个房间的作品了。如果你是新手，建议从制作靠垫入门，这样会容易些。冷暖色调搭配的小靠垫会瞬间改变整个卧室的氛围。一条亲手钩织的柔软暖和的毯子则会在天气渐冷的时候让家人感到舒心与温暖。按照书中图示动手做一条吧，相信整个冬天都会被它的色彩与柔软温暖起来。除了这些，本书介绍的其他一些别致的钩织物件同样会带给你源源不断的灵感。比如，拿着65页中展示的这款购物包去购物，那会是多么时尚靓丽的风景啊；120页所教的甜美衣架，制作周期短，非常适合用来做礼物，充分表达你的心意；要不就按照128页的说明，做个超绝的浴室垫，沐浴后踩上，那种柔软的感觉，你绝对无法拒绝。真心希望大家在看完本书后能够一试身手，大胆地搭配使用颜色，用色彩点亮你的爱家。

就是现在，拿起针线，用祖母方格装饰你的一方天地吧！

第一章

新手入门

我一直认为祖母方格是钩针编织的基础。从它入手，你很快就会对自己的钩织技巧信心大增，慢慢地那些繁复的技巧和花色自然就是小菜一碟了。

本章是入门准备篇。要钩织出美丽的作品，所需材料仅仅是一团线和一副钩针。所以接下来我会把与针、线相关的信息都在本章做全面介绍。另外，开始钩织得学会几种基本的针法。一旦掌握了这几种针法，其他复杂的针法也就都不在话下了。所以先把开头介绍的几种针法多加练习，然后在稍后的几章大显身手吧。

钩针编织的诀窍就是：放松，自信。只要做到这些，对钩织上瘾就水到渠成，迟早的事儿！

所需材料

钩针编织所需要的工具和材料都很简单，不论钩织什么物件，都得从毛线和钩针的选择开始。

钩针有不同的型号、颜色和材质。有铝合金的、塑料的、木质的和竹子的。我个人偏好颜色鲜艳的电镀铝质钩针。在挑选钩针时要考虑两个因素：尺寸是否适合所织物件；使用时是否随手。

接下来谈谈如何挑选合适的毛线。毛线分不同的颜色、材质、粗细以及成分。我承认，我是颜色控，也就是太关注色彩而往往忽略了其质地。另外，我还喜欢把不同材质的线混在一起用，一件作品中我会用纯羊毛线也会用腈纶线，没个准，全凭个人感觉。你可以和我一样，也可以按个人喜好任意选择。但是需要说明：本书中的作品使用的都是凯斯凯德220号毛线（以后简称C220），为100%纯羊毛线。C220毛线颜色非常多，用于钩织再适合不过了。

选毛线时还要考虑这件作品的最终用途，以便日后参照毛线吊牌儿上的洗涤要求打理成品。若是易磨损的物件，选择能机洗的毛线为宜。若是当作礼物送人的精美毯子，最好把毛线吊牌儿一并附上，这样便于对方日后正确维护。

接下来需要谈谈针线结合的问题了。一般来讲，毛线吊牌儿上会标有推荐的适用钩针尺寸，但这仅是建议而已，关键要看自己的实际情况。最好能亲自钩织几行看看，如果钩织得偏松，那针就选小一号的，太紧就选大一号的。多试试不同的针号和毛线组合，你肯定能选出自己理想的搭配。

总之，不论是毛线还是钩针都取决于个人喜好和预算多少。尽量多试几种不同的毛线，你会找到最喜欢的那种；钩针也是一样。记得经常存些“零花钱”，这样平时逛街时看到心仪的毛线就可以小小地挥霍一下。

针线准备完毕，还需准备毛线缝针（用于收尾时缝合）和剪刀（用于剪线头）。如果你愿意的话，市面上有各种各样的钩织辅料，你也可以适当选用一些，这样你在钩织时可能会更简便也更有乐趣。

最新关注

我每开始织一件新物件时，都会把毛线上的吊牌儿收好，再附上一段毛线样品，这样不论什么时候在回头需要这种线时都会一目了然，省时方便。

钩针的基本针法

下面我会一步步地介绍钩针的基本针法和祖母方格的钩织技巧。学习时，最重要的就是放松。深呼吸，以最舒服的姿势开始练习。按照我过去的授课经验，如果学习者太过紧张，其作品也会生硬没灵气。而且神经紧绷的后果就是很难操控钩针，更别说随心所欲地钩织了。好了，深呼吸，放松精神，准备开始。看吧，一会儿你就会领略到钩针编织的过程其实是抚慰自我灵魂的过程。

一开始用手将线拉紧，夹在指间或者缠在小指上都可以。只要能自由操控你手上的线就可以了。握针的方式也是你觉得怎么舒服怎么来。有的人姿势像是在握笔，有的人则像是骑车时握自行车的车把。没有姿势对错之分，只有是否适合自己，但有一点需要记住，别握得太紧。

活结

每件作品都是从在钩针上打个活结开始的。

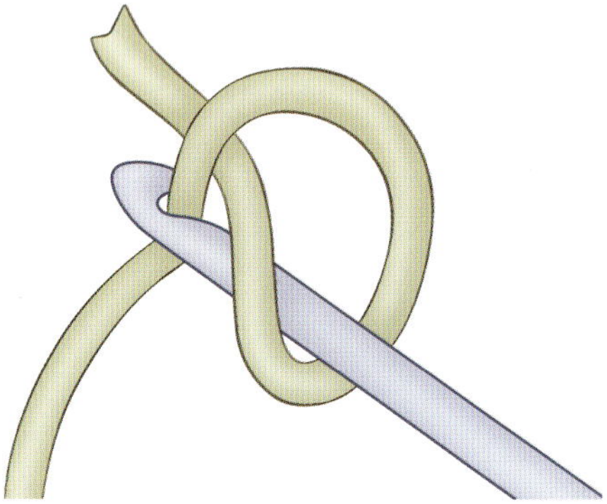

1 先在线的一端打个环，针插入环内钩住线。

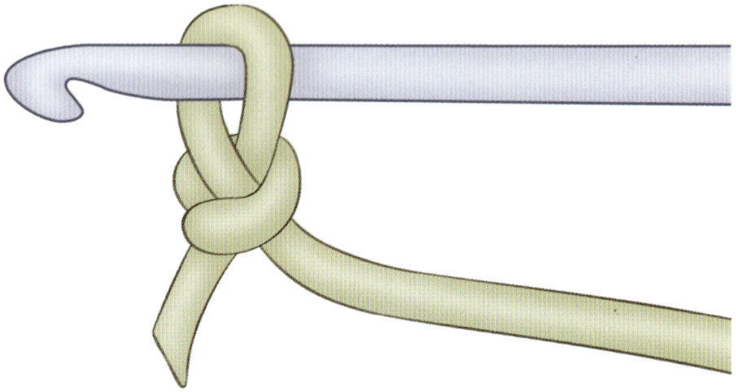

2 将线从环内拉出，稍稍拉紧，固定在钩针上。完成一个活结。

锁针

锁针往往被用在织物起头和从一部分织向另一部分时。

1 在活结基础上，钩针挂线，从线圈中拉出。1针锁针就完成了。

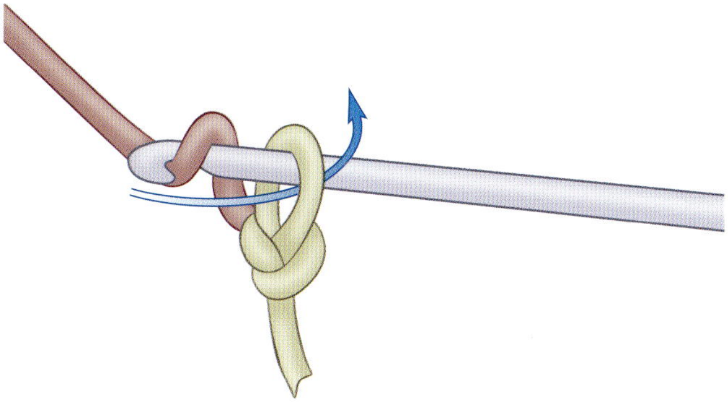

短针

短针的特点就是短而密实、紧凑。

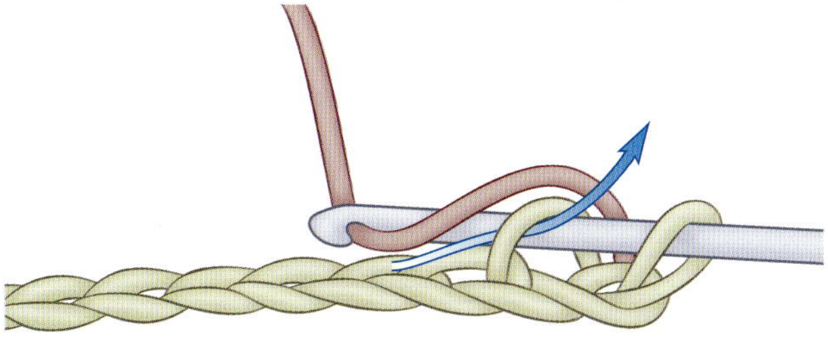

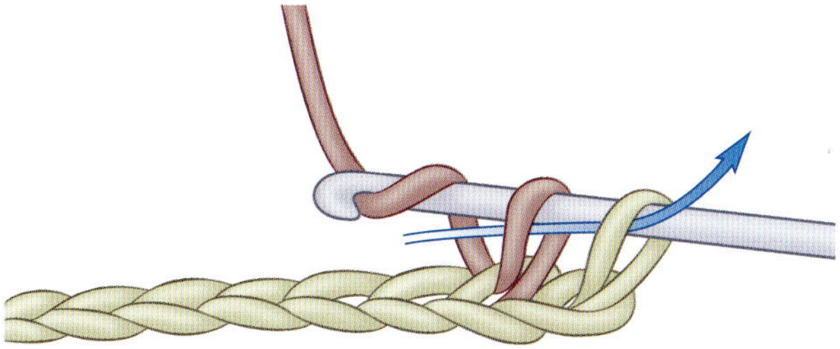

1 钩针插入前1针中，钩针挂线，按箭头方向从第1个线圈中拉出。

2 钩针挂线，从2个线圈中一起拉出。1针短针就完成了。

中长针

中长针比短针要长，因为多了1个线圈。

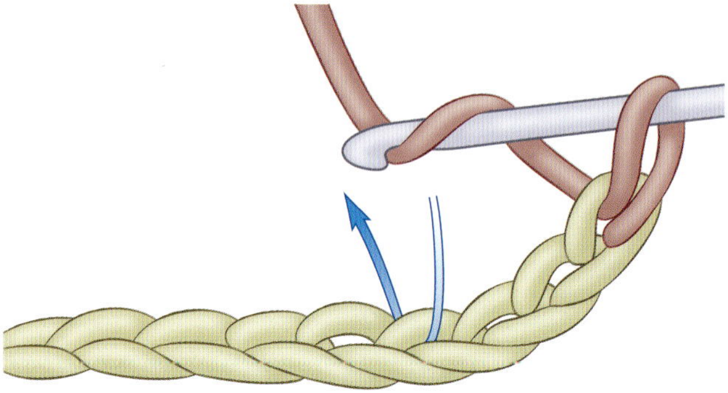

1 钩针挂线，插入第4针锁针中。

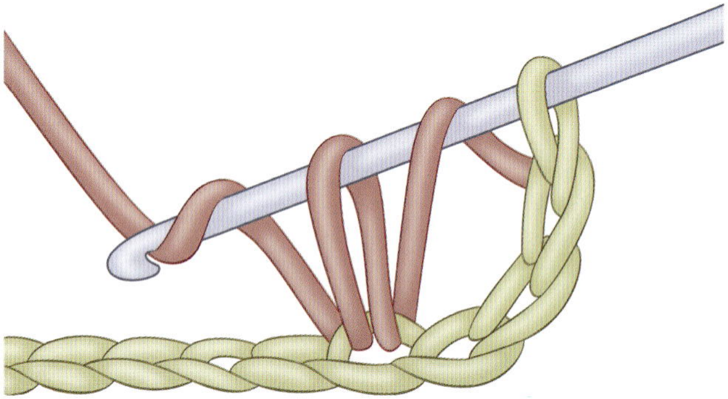

2 钩针挂线，从第1个线圈中拉出。再次挂线。

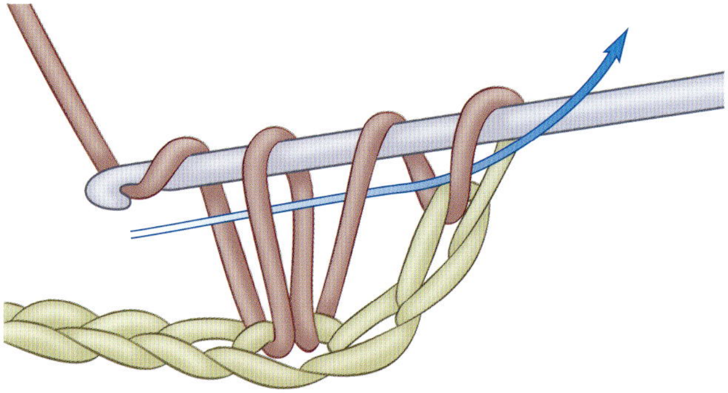

3 将线从3个线圈中一次性拉出。1针中长针就完成了。

长针

多出的一个步骤，使得长针比短针、中长针都要高。
长针在祖母方格中应用最为普遍。

1 接中长针的步骤1、2，把线从钩针上的前2个线圈中拉出，钩针再次挂线，把线从剩下的2个线圈中拉出。1针长针就完成了。

引拔针

引拔针是钩织过程中用来将针线移到另一个地方同时又不会增加针目高度的针法。

1 将钩针插入前1针，钩针挂线，从2个线圈中拉出。引拔针完成。

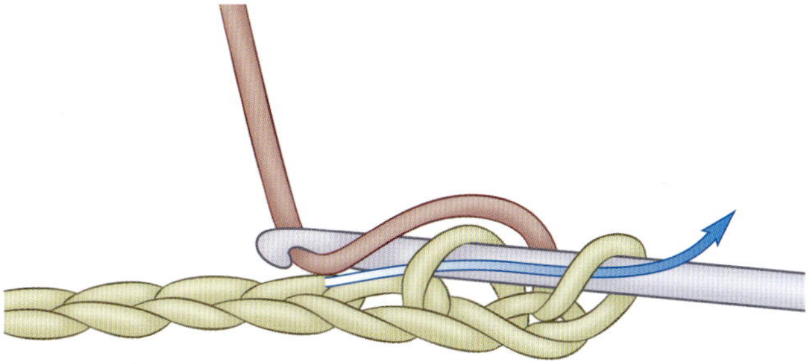

祖母方格的钩织方法

祖母方格是由锁针分隔开来的几组长针组合。每1行的长针，都钩织在前1行的锁针上。边角的部分要将长针钩在边角的锁针上。接下来的图示就是祖母方格制作方法的分解步骤，无论什么物件，都是这么钩出的。

1 先打个活结作为起头。钩5针锁针，用引拔针锁成1个圆环。然后再钩3针锁针。

2 在圆环上钩2针长针。锁针和这2针长针就构成了1个长针组合。钩2针锁针。

3 在圆环上钩3针长针。

4 钩2针锁针，再在圆环上钩3针长针。再重复钩2针锁针，在圆环上钩3针长针。钩2针锁针。现在圆环上有4个长针组合。

5 用引拔针与开头的3针锁针最上面的1针连起来。第1圈完成。

6 在下2针长针上钩引拔针，在边角处钩引拔针。

7 剪断毛线，藏好线头。在任一边角处用另一颜色毛线打结换线。

8 钩3针锁针。在边角上钩（2针长针，2针锁针，3针长针）。钩1针锁针。

9 在相邻的另一边角上钩（3针长针，2针锁针，3针长针）。钩1针锁针。

10 重复步骤9至整圈。用引拔针与开头的3针锁针最上面的1针连起来。第2圈完成。

11 在下2针长针上钩引拔针，在边角处钩引拔针。剪断毛线，藏好线头。在任一边角处用另一颜色毛线打结换线。钩3针锁针。在边角上钩（2针长针，2针锁针，3针长针）。钩1针锁针。在下1针锁针上钩3针长针，1针锁针。

12 在边角上钩（3针长针，2针锁针，3针长针）。钩1针锁针。在下1针锁针上钩3针长针，1针锁针。重复以上步骤至第3圈完成。每圈都重复步骤11、12，在沿边的每1针锁针上钩1个3针长针的组合，在每个边角上钩2个3针长针的组合（3针长针，2针锁针，3针长针）。

钩织方法与图示使用指南

本书中每讲一个新作品，都会在开始部分列出作品所需要的主要材料：1.毛线及颜色；2.钩针和其他材料；3.成品尺寸。所有的这些信息都非常重要，但并非一成不变，都可以按照个人习惯加以改动。比如毛线的种类和颜色，这些都是可以按照个人喜好随意更改的。如果你不习惯使用书中推荐的针号，可以换一个，不必拘泥。但是选择针号的原则要记得：钩织纹路比较密实的物件，选择小一号的针；钩织比较疏松的，就选大一号的。至于成品的尺寸方面，也是可以灵活掌握的，不一定非得织出和书中所列尺寸一模一样的作品。如果你想钩织得大一些，就多钩几行，或多钩几个方块；想钩织得小一些，就少钩几行，或少钩几个方块。要想钩织出合自己心意的作品，就别怕更改书中所列的说明事项。

所列材料之后，就是钩织方法与图示了，它们分别以文字和图例的形式展示。文字部分说明了要用什么针法，该怎么钩，每行每圈的顺序，等等。

图例说明则是用图案的形式告诉大家具体如何操作，不同的针法用不同的符号代替。这些符号代表的意思也可以参阅136页的说明表格。在看圆形图例的时候，要从中间的锁针起针部分看起；如果看的是成行的图例，则要从底部的锁针起针看起。图例上列出的黑体数字表示需要钩出的行数或圈数。每更换一行或一圈都会换一种字体颜色，就是为了将它们区别，看图时一目了然。如果你是个钩织新手，建议你将文字和图例对比着看，这样在钩织过程中将图例说明转化为文字说明，就会比较准确了，一般不容易出错。有些作品比较大，如果把整个图例都列出来不太方便，就使用了缩简的图例，只是列出来其中的一部分，不过只要按照这部分列出来的图例去钩，也都会准确地完成剩余部分的。

如果看图时觉得有压力，那就深呼吸，提醒自己，钩织就是一针一针的细致活，钩完一针，再关注下一针，再下一针，然后一直这样钩下去就好了。在你还没意识到什么情况时，你可能就已经完成一件相当漂亮的作品了。

第二章

客厅

本章我们将会介绍六款适合客厅的漂亮作品，每一件都可以将你的客厅瞬间华丽变身。比如在沙发上放一两个色彩鲜艳的靠垫，不仅坐起来舒适，也会把沙发衬托得更加漂亮，甚至会觉得整个客厅立时增辉很多。把抱枕换成特大号的坐垫，它就成了适合临时聚会时的榻榻米了。27页展示的大号坐垫不仅适合孩子们嬉戏用，成人拿来休憩也很不错。

我们家里一般都有用破或者过时的物品，如果能给它们改头换面，来个时尚大变身，这绝对比做任何事都更能让人感到愉悦和满足。30页所教的制作落地灯罩的方法，就是这么一个让人体验满足感的过程，用那么几块祖母方格，便可变废为宝，一个过时的鼓形落地灯转眼间就成了给客厅增添独特味道的时尚新品。

本章介绍的最后一个作品可能并不是每天都用到的必需品，但是我们用到它的时候，每个人都会特别开心。圣诞前夕，孩子们把圣诞袜挂在壁炉上，噢，那种满脸的期盼，那种由衷的渴望，多美好啊！按照42页所教的方法，为家里的每个成员准备一个用祖母方格钩织成的圣诞袜，该多棒啊！在以后的每个圣诞节，你亲手做的礼物都会是家人的心头之爱。

多彩靠垫

色彩鲜艳的钩织靠垫能马上改变和增亮客厅风格！迷人的几何图案永远也不会过时。选择靠垫颜色时一般参照家居装饰的风格色彩，要不就大胆选择撞色为客厅空间增加一份活力。

毛线

4卷精纺毛线，A、B、C、D 4种颜色各1卷

靠垫用的是C220毛线（100%秘鲁高地羊毛，3.5oz/100g，220ya/201m）。靠垫1用的是#8895(A)号色，#7804(B)号色，#9470(C)号色和#8010(D)号色。靠垫2用的是#7827(A)号色，#8408(B)号色，#7825(C)号色和#8010(D)号色

钩针

美制尺寸G/6（4mm）

其他材料

长、宽为35.5cm的方形枕芯
5颗直径为13mm的纽扣
毛线缝针

成品尺寸

约35.5cm×35.5cm

前片

使用A色线，5针锁针，用引拔针锁成一个圆环。

第1圈： 3针锁针，在圆环上钩2针长针，*2针锁针，在圆环上钩3针长针；从*处重复2次，2针锁针，用引拔针与起始的3针锁针最上面的1针连接，在下2针长针上钩引拔针，在边角处钩引拔针。

第2圈： 3针锁针，在边角上钩（2针长针，2针锁针，3针长针），*1针锁针，在下2针锁针边角上钩（3针长针，2针锁针，3针长针）；从*处重复2次，1针锁针，用引拔针与起始的3针锁针最上面的1针连接，在下2针长针上钩引拔针，在边角处钩引拔针。

第3圈： 3针锁针，在边角上钩（2针长针，2针锁针，3针长针），*1针锁针，在下1针锁针上钩3针长针，1针锁针，在下2针锁针边角上钩（3针长针，2针锁针，3针长针）；从*处重复2次，1针锁针，在下1针锁针上钩3针长针，1针锁针，用引拔针与起始的3针锁针最上面的1针连接，在下2针长针上钩引拔针，在边角处钩引拔针。

第4圈： 3针锁针，在边角上钩（2针长针，2针锁针，3针长针），*1针锁针，[在下1针锁针上钩3针长针，1针锁针]2次，在下2针锁针边角上钩（3针长针，2针锁针，3针长针）；从*处重复2次，1针锁针，[在下1针锁针上钩3针长针，1针锁针]2次，用引拔针与起始的3针锁针最上面的1针连接，在下2针长针上钩引拔针，在边角处钩引拔针。剪断A色线。

第5圈： 在任一2针锁针边角处接B色线，3针锁针，在边角上钩（2针长针，2针锁针，3针长针），*1针锁针，[在下1针锁针上钩3针长针，1针锁针]3次，在下2针锁针边角上钩（3针长针，2

针锁针，3针长针）；从*处重复2次，1针锁针，[在下1针锁针上钩3针长针，1针锁针]3次，用引拔针与起始的3针锁针最上面的1针连接，在下2针长针上钩引拔针，在边角处钩引拔针。

第6圈：3针锁针，在边角上钩（2针长针，2针锁针，3针长针），*1针锁针，[在下1针锁针上钩3针长针，1针锁针]4次，在下2针锁针边角上钩（3针长针，2针锁针，3针长针）；从*处重复2次，1针锁针，[在下1针锁针上钩3针长针，1针锁针]4次，用引拔针与起始的3针锁针最上面的1针连接，在下2针长针上钩引拔针，在边角处钩引拔针。剪断B色线。

第7圈：在任一2针锁针边角处接C色线，3针锁针，在边角上钩（2针长针，2针锁针，3针长针），*1针锁针，[在下1针锁针上钩3针长针，1针锁针]5次，在下2针锁针边角上钩（3针长针，2针锁针，3针长针）；从*处重复2次，1针锁针，[在下1针锁针上钩3针长针，1针锁针]5次，用引拔针与起始的3针锁针最上面的1针连接，在下2针长针上钩引拔针，在边角处钩引拔针。

第8圈：3针锁针，在边角上钩（2针长针，2针锁针，3针长针），*1针锁针，[在下1针锁针上钩3针长针，1针锁针]6次，在下2针锁针边角上钩（3针长针，2针锁针，3针长针）；从*处重复2次，1针锁针，[在下1针锁针上钩3针长针，1针锁针]6次，用引拔针与起始的3针锁针最上面的1针连接，在下2针长针上钩引拔针，在边角处钩引拔针。剪断C色线。

第9圈：在任一2针锁针边角处接B色线，3针锁针，在边角上钩（2针长针，2针锁针，3针长针），*1针锁针，[在下1针锁针上钩3针长针，1针锁针]7次，在下2针锁针边角上钩（3针长针，2针锁针，3针长针）；从*处重复2次，1针锁针，[在下1针锁针上钩3针长针，1针锁针]7次，用引拔针与起始的3针锁针最上面的1针连接，在下2针长针上钩引拔针，在边角处钩引拔针。

第10圈：3针锁针，在边角上钩（2针长针，2针锁针，3针长针），*1针锁针，[在下1针锁针上钩3针长针，1针锁针]8次，在下2针锁针边角上钩（3针长针，2针锁针，3针长针）；从*处重复2次，1针锁针，[在下1针锁针上钩3针长针，1针锁针]8次，用引拔针与起始的3针锁针最上面的1针连接，在下2针长针上钩引拔针，在边角处钩引拔针。剪断B色线。

第11圈：在任一2针锁针边角处接A色线，3针锁针，在边角上钩（2针长针，2针锁针，3针长针），*1针锁针，[在下1针锁针上钩3针长针，1针锁针]9次，在下2针锁针边角上钩（3针长针，2针锁针，3针长针）；从*处重复2次，1针锁针，[在下1针锁针上钩3针长针，1针锁针]9次，用引拔针与起始的3针锁针最上面的

1针连接，在下2针长针上钩引拔针，在边角处钩引拔针。

第12圈：3针锁针，在边角上钩（2针长针，2针锁针，3针长针），*1针锁针，[在下1针锁针上钩3针长针，1针锁针]10次，在下2针锁针边角上钩（3针长针，2针锁针，3针长针）；从*处重复2次，1针锁针，[在下1针锁针上钩3针长针，1针锁针]10次，用引拔针与起始的3针锁针最上面的1针连接，在下2针长针上钩引拔针，在边角处钩引拔针。

第13圈：3针锁针，在边角上钩（2针长针，2针锁针，3针长针），*1针锁针，[在下1针锁针上钩3针长针，1针锁针]11次，在下2针锁针边角上钩（3针长针，2针锁针，3针长针）；从*处重复2次，1针锁针，[在下1针锁针上钩3针长针，1针锁针]11次，用引拔针与起始的3针锁针最上面的1针连接，在下2针长针上钩引拔针，在边角处钩引拔针。

第14圈：3针锁针，在边角上钩（2针长针，2针锁针，3针长针），*1针锁针，[在下1针锁针上钩3针长针，1针锁针]12次，在下2针锁针边角上钩（3针长针，2针锁针，3针长针）；从*处重复2次，1针锁针，[在下1针锁针上钩3针长针，1针锁针]12次，用引拔针与起始的3针锁针最上面的1针连接，在下2针长针上钩引拔针，在边角处钩引拔针。剪断A色线。

第15圈：在任一2针锁针边角处接C色线，3针锁针，在边角上钩（2针长针，2针锁针，3针长针），*1针锁针，[在下1针锁针上钩3针长针，1针锁针]13次，在下2针锁针边角上钩（3针长针，2针锁针，3针长针）；从*处重复2次，1针锁针，[在下1针锁针上钩3针长针，1针锁针]13次，用引拔针与起始的3针锁针最上面的1针连接，在下2针长针上钩引拔针，在边角处钩引拔针。

第16圈：3针锁针，在边角上钩（2针长针，2针锁针，3针长针），*1针锁针，[在下1针锁针上钩3针长针，1针锁针]14次，在下2针锁针边角上钩（3针长针，2针锁针，3针长针）；从*处重复2次，1针锁针，[在下1针锁针上钩3针长针，1针锁针]14次，用引拔针与起始的3针锁针最上面的1针连接，在下2针长针上钩引拔针，在边角处钩引拔针。

第17圈：3针锁针，在边角上钩（2针长针，2针锁针，3针长针），*1针锁针，[在下1针锁针上钩3针长针，1针锁针]15次，在下2针锁针边角上钩（3针长针，2针锁针，3针长针）；从*处重复2次，1针锁针，[在下1针锁针上钩3针长针，1针锁针]15次，用引拔针与起始的3针锁针最上面的1针连接，在下2针长针上钩引拔针，在边角处钩引拔针。剪断C色线。

后片

钩织方法和前片相同，毛线的颜色变换如下：

第1~16圈：D色线

第17圈：C色线

收尾

前片部分正面朝上，沿着一边等距离缝上5颗纽扣，前后两片反面相对，对齐四边，用C色线在每个1针锁针和长针上钩1针短针，在每个2针锁针的边角上钩3针短针，将各边缝合，只剩下缝纽扣的一部分开口。后片正对纽扣的另一边用短针走一行，每到正对纽扣处，钩5针锁针做成一个扣环。剪断C色线，藏好线头。抻平，装上枕芯。扣上纽扣。

莎拉谈色彩

黄色与橙色的组合一直是我的最爱，明快而又热烈。在这个作品中，我又加入了少许棕色，在不影响它给人温暖感受的同时还使整个组图显得更加深邃。另一个靠垫我用了红粉色组合，外加一抹浅紫色，色彩相得益彰，和谐共融。

按此钩织方法继续至第17圈，颜色依次为2圈B色、4圈A色和3圈C色。

休闲坐垫

一个舒适松软的钩织坐垫就像魔术师一样，可以迅速地给家里添置一个休闲的座椅。多准备几个用来招待不期而至的好友们，或者和孩子们一起在上面度过温馨的床前故事时光都是不错的选择。这种设计时尚的休闲坐垫绝对容易搭配家里的装修风格。

毛线

5卷精纺毛线，A、B、C 3种颜色各1卷，D色线2卷

坐垫用的是C220毛线（100%秘鲁高地羊毛，3.5oz/100g，220ya/201m），#9421(A)号色，#8339(B)号色，#7812(C)号色和#9452(D)号色

钩针

美制尺寸G/6（4mm）

其他材料

长、宽为66cm的方形枕芯

9颗直径为13mm的纽扣

毛线缝针

成品尺寸

约66cm × 66cm

前片

使用A色线，5针锁针，用引拔针锁成一个圆环。

第1圈：3针锁针，在圆环上钩2针长针，*2针锁针，在圆环上钩3针长针；从*处重复2次，2针锁针，用引拔针与起始的3针锁针最上面的1针连接，在下2针长针上钩引拔针，在边角处钩引拔针。

第2圈：3针锁针，在边角上钩（2针长针，2针锁针，3针长针），*1针锁针，在下2针锁针边角上钩（3针长针，2针锁针，3针长针）；从*处重复2次，1针锁针，用引拔针与起始的3针锁针最上面的1针连接，在下2针长针上钩引拔针，在边角处钩引拔针。

第3圈：3针锁针，在边角上钩（2针长针，2针锁针，3针长针），*1针锁针，在下1针锁针上钩3针长针，1针锁针，在下2针锁针边角上钩（3针长针，2针锁针，3针长针）；从*处重复2次，1针锁针，在下1针锁针上钩3针长针，1针锁针，用引拔针与起始的3针锁针最上面的1针连接，在下2针长针上钩引拔针，在边角处钩引拔针。

第4圈：3针锁针，在边角上钩（2针长针，2针锁针，3针长针），*1针锁针，[在下1针锁针上钩3针长针，1针锁针]2次，在下2针锁针边角上钩（3针长针，2针锁针，3针长针）；从*处重复2次，1针锁针，[在下1针锁针上钩3针长针，1针锁针]2次，用引拔针与起始的3针锁针最上面的1针连接，在下2针长针上钩引拔针，在边角处钩引拔针。

第5圈：3针锁针，在边角上钩（2针长针，2针锁针，3针长针），*1针锁针，[在下1针锁针上钩3针长针，1针锁针]3次，在下2针锁针边角上钩（3针长针，2针锁针，3针长针）；从*处重复2次，1针锁针，[在下1针锁针上钩3针长针，1针锁针]3次，用引拔针与起始的3针锁针最上面的1针连接，在下2针长针上钩引拔针，在边角处钩引拔针。

第6圈：3针锁针，在边角上钩（2针长针，2针锁针，3针长针），*1针锁针，[在下1针锁针上钩3针长针，1针锁针]4次，在下2针锁针边角上钩（3针长针，2针锁针，3针长针）；从*处重复2次，1针锁针，[在下1针锁

Little Mommy

针上钩3针长针，1针锁针]4次，用引拔针与起始的3针锁针最上面的1针连接，在下2针长针上钩引拔针，在边角处钩引拔针。

第7圈：3针锁针，在边角上钩（2针长针，2针锁针，3针长针），*1针锁针，[在下1针锁针上钩3针长针，1针锁针]5次，在下2针锁针边角上钩（3针长针，2针锁针，3针长针）；从*处重复2次，1针锁针，[在下1针锁针上钩3针长针，1针锁针]5次，用引拔针与起始的3针锁针最上面的1针连接，在下2针长针上钩引拔针，在边角处钩引拔针。

第8圈：3针锁针，在边角上钩（2针长针，2针锁针，3针长针），*1针锁针，[在下1针锁针上钩3针长针，1针锁针]6次，在下2针锁针边角上钩（3针长针，2针锁针，3针长针）；从*处重复2次，1针锁针，[在下1针锁针上钩3针长针，1针锁针]6次，用引拔针与起始的3针锁针最上面的1针连接，在下2针长针上钩引拔针，在边角处钩引拔针。剪断A色线。

剩余部分按此钩织方法进行，毛线的颜色变换如下：

第9~12圈：B色线
第13~16圈：C色线
第17~20圈：B色线
第21~28圈：A色线
第29~31圈：C色线

后片

钩织方法和前片相同，全部使用D色线。

收尾

前片部分正面朝上，沿着一边等距离缝上9颗纽扣，前后片反面相对，对齐四边，用C色线在每个1针锁针和长针上钩1针短针，在每个2针锁针的边角上钩3针短针，将各边缝合，只剩下缝纽扣的一部分开口。后片正对纽扣的另一边用短针走一行，每到正对纽扣处，钩5针锁针做成一个扣环。剪断C色线，藏好线头。抻平，装上枕芯。扣上纽扣。

莎拉谈色彩

想为房间多增添些色彩的话，五颜六色的坐垫是再好不过的选择了。在装饰家居上它们相当投巧，可以按需要增加或者减少，完全没必要担心与房间里别的颜色不搭。有人说蓝色和绿色不搭，而我个人却特别喜欢用蓝绿的色彩组合。受大海色彩变化的启发，这个大坐垫将这两种颜色漂亮地融合在了一起，深蓝色好像给这个坐垫安了一个深沉的底色。

按此钩织方法继续至第31圈，颜色依次为B色、C色和B色各4圈，然后8圈A色和3圈C色。

梦幻灯罩

用祖母方格钩织成的落地灯罩有着化腐朽为神奇的魔力，最终出来的效果绝对让你惊叹不已。装饰一新的落地灯发出柔和的光线，客厅的一角顷刻间光芒四射。

毛线

5卷精纺毛线，A、B、C 3种颜色各1卷，D色线2卷

灯罩用的是C220毛线（100%秘鲁高地羊毛，3.5oz/100g，220ya/201m），#7804(A)号色，#8894(B)号色，#8408(C)号色和#8010(D)号色

钩针

美制尺寸G/6（4mm）

其他材料

直径38cm、高28cm的鼓形落地灯
毛线缝针
缝衣针
透明单丝线

成品尺寸

展开尺寸约106.5cm×28cm

方块

16个

使用A色线，5针锁针，用引拔针锁成一个圆环。

第1圈：3针锁针，在圆环上钩2针长针，*2针锁针，在圆环上钩3针长针；从*处重复2次，2针锁针，用引拔针与起始的3针锁针最上面的1针连接，在下2针长针上钩引拔针，在边角处钩引拔针。剪断A色线。

第2圈：在任一2针锁针边角处接D色线，3针锁针，在边角上钩（2针长针，2针锁针，3针长针），*1针锁针，在下2针锁针边角上钩（3针长针，2针锁针，3针长针）；从*处重复2次，1针锁针，用引拔针与起始的3针锁针最上面的1针连接，在下2针长针上钩引拔针，在边角处钩引拔针。剪断D色线。

第3圈：在任一2针锁针边角处接B色线，3针锁针，在边角上钩（2针长针，2针锁针，3针长针），*1针锁针，在下1针锁针上钩3针长针，1针锁针，在下2针锁针边角上钩（3针长针，2针锁针，3针长针）；从*处重复2次，1针锁针，在下1针锁针上钩3针长针，1针锁针，用引拔针与起始的3针锁针最上面的1针连接，在下2针长针上钩引拔针，在边角处钩引拔针。

第4圈：3针锁针，在边角上钩（2针长针，2针锁针，3针长针），*1针锁针，[在下1针锁针上钩3针长针，1针锁针]2次，在下2针锁针边角上钩（3针长针，2针锁针，3针长针）；从*处重复2次，1针锁针，[在下1针锁针上钩3针长针，1针锁针]2次，用引拔针与起始的3针锁针最上面的1针连接，在下2针长针上钩引拔针，在边角处钩引拔针。剪断B色线。

第5圈：在任一2针锁针边角处接C色线，3针锁针，在边角上钩（2针长针，2针锁针，3针长针），*1针锁针，[在下1针锁针上钩3针长针，1针

锁针]3次，在下2针锁针边角上钩（3针长针，2针锁针，3针长针）；从*处重复2次，1针锁针，[在下1针锁针上钩3针长针，1针锁针]3次，用引拔针与起始的3针锁针最上面的1针连接，在下2针长针上钩引拔针，在边角处钩引拔针。剪断C色线。

第6圈：在任一2针锁针边角处接D色线，3针锁针，在边角上钩（2针长针，2针锁针，3针长针），*1针锁针，[在下1针锁针上钩3针长针，1针锁针]4次，在下2针锁针边角上钩（3针长针，2针锁针，3针长针）；从*处重复2次，1针锁针，[在下1针锁针上钩3针长针，1针锁针]4次，用引拔针与起始的3针锁针最上面的1针连接，在下2针长针上钩引拔针，在边角处钩引拔针。剪断D色线。

收尾

以你喜欢的方式将小方块8个一条缝在一起，共缝两条，最后首尾相连成管状。

饰边

第1圈：在任一1针锁针处接D色线，3针锁针，在同一位置上再钩2针长针，*1针锁针，在下1针锁针上钩3针长针；从*处重复至整圈，用引拔针与起始的3针锁针最上面的1针连接。

第2圈：3针锁针，在每1针上钩1针长针，直到整圈结束，用引拔针与起始的3针锁针最上面的1针连接。剪断D色线。

藏好线头，抻平。罩上灯罩，用缝衣针和单丝线将其固定到位，即成。

莎拉谈色彩

乳白色的底色线，配以粉红色、绿色和棕色线，整体形成了一个赏心悦目的色彩组合。绿色和棕色都很普通，但是因为粉色使用得恰到好处，增亮了整体的色彩。而且这些颜色都不张扬，不会给客厅增加多余的颜色，也不会夺了客厅其他钩织小物的光彩。因为落地灯往往是靠着沙发放置，如果沙发上已经放了一堆五颜六色的靠垫，考虑到整体的搭配效果，我们最好能弱化一下灯罩的颜色。

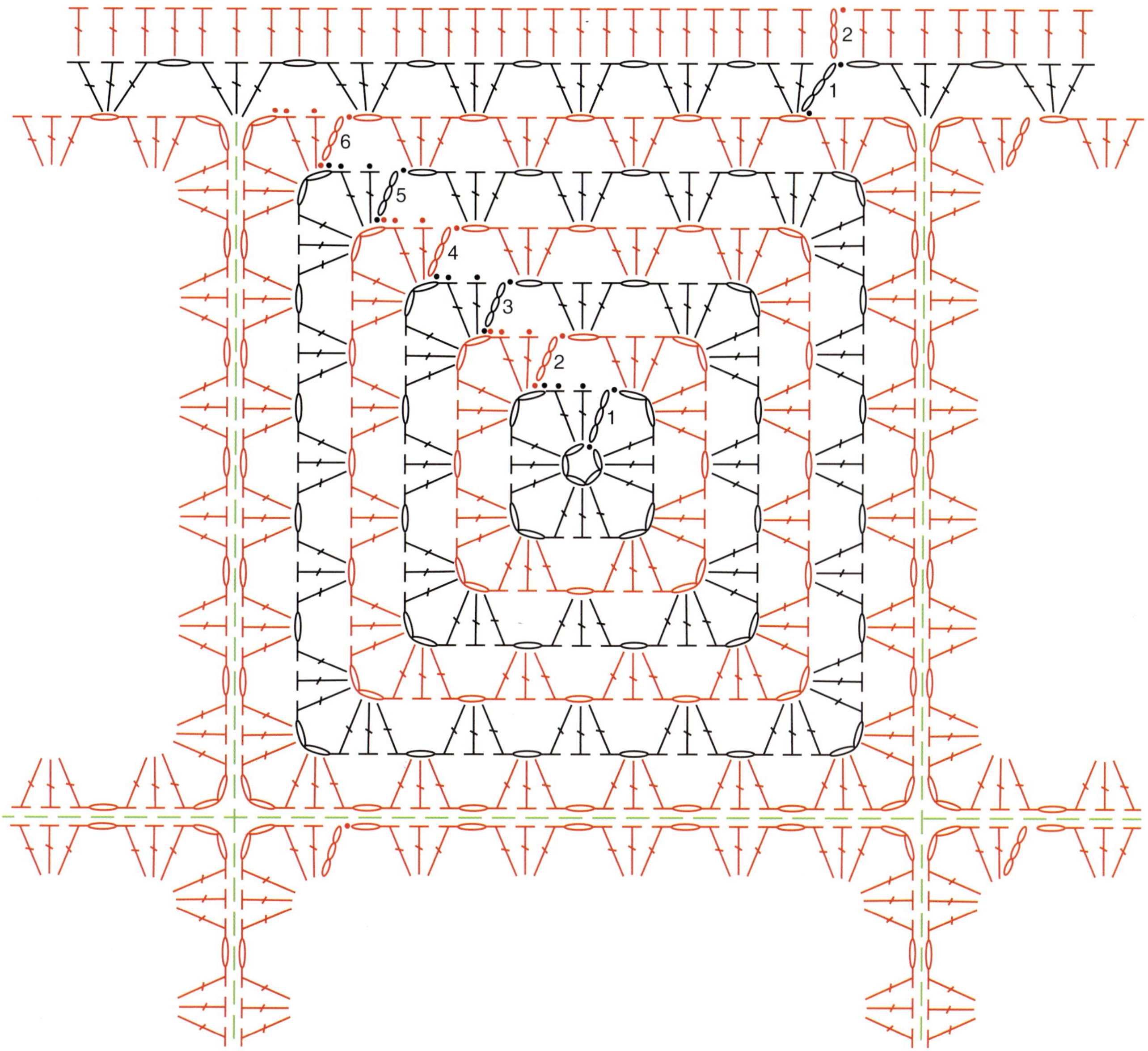
2
1
6
5
4
3
2
1

彩条储物凳罩

储物凳是客厅一件必不可少的多功能家具。既可以储物还可以当凳子，甚至还可以拿来当咖啡桌使用。按图示去钩织一个储物凳罩吧，用一条条的色彩去改造家里现有的储物凳或者哪怕一个简单的正方体形物件，这种新式的储物凳罩会使你的储物凳成为客厅的亮点。

毛线

8卷精纺毛线，A、B、C、D、E、F、G和H 8种颜色各1卷

储物凳罩用的是C220毛线（100%秘鲁高地羊毛，3.5oz/100g，220ya/201m），#9473(A)号色，#9541(B)号色，#7808(C)号色，#9492(D)号色，#8686(E)号色，#2415(F)号色，#8339(G)号色和#8415(H)号色

钩针

美制尺寸G/6（4mm)

其他材料

边长为39.5cm的正方体储物凳

毛线缝针

成品尺寸

约39.5cm×39.5cm×39.5cm

使用A色线，5针锁针，用引拔针锁成一个圆环。

第1圈：3针锁针，在圆环上钩2针长针，*2针锁针，在圆环上钩3针长针；从*处重复2次，2针锁针，用引拔针与起始的3针锁针最上面的1针连接，在下2针长针上钩引拔针，在边角处钩引拔针。

第2圈：3针锁针，在边角上钩（2针长针，2针锁针，3针长针），*1针锁针，在下2针锁针边角上钩（3针长针，2针锁针，3针长针）；从*处重复2次，1针锁针，用引拔针与起始的3针锁针最上面的1针连接，在下2针长针上钩引拔针，在边角处钩引拔针。

第3圈：3针锁针，在边角上钩（2针长针，2针锁针，3针长针），*1针锁针，在下1针锁针上钩3针长针，1针锁针，在下2针锁针边角上钩（3针长针，2针锁针，3针长针）；从*处重复2次，1针锁针，在下1针锁针上钩3针长针，1针锁针，用引拔针与起始的3针锁针最上面的1针连接，在下2针长针上钩引拔针，在边角处钩引拔针。

第4圈：3针锁针，在边角上钩（2针长针，2针锁针，3针长针），*1针锁针，[在下1针锁针上钩3针长针，1针锁针]2次，在下2针锁针边角上钩（3针长针，2针锁针，3针长针）；从*处重复2次，1针锁针，[在下1针锁针上钩3针长针，1针锁针]2次，用引拔针与起始的3针锁针最上面的1针连接，在下2针长针上钩引拔针，在边角处钩引拔针。

第5圈：3针锁针，在边角上钩（2针长针，2针锁针，3针长针），*1针锁针，[在下1针锁针上钩3针长针，1针锁针]3次，在下2针锁针边角上钩（3针长针，2针锁针，3针长针）；从*处重复2次，1针锁针，[在下1针锁针上钩3针长针，1针锁针]3次，用引拔针与起始的3针锁针最上面的1针连接，在下2针长针上钩引拔针，在边角处钩引拔针。

第6圈：3针锁针，在边角上钩（2针长针，2针锁针，3针长针），*1针锁针，[在下1针锁针上钩3针长针，1针锁针]4次，在下2针锁针边角上钩（3针长针，2针锁针，3针长针）；从*处重复2次，1针锁针，[在下1针锁针上钩3针长针，1针锁针]4次，用引拔针与起始的3针锁针最上面的1针连接，在下2针长针上钩引拔针，在边角处钩引拔针。

第7圈： 3针锁针，在边角上钩（2针长针，2针锁针，3针长针），*1针锁针，[在下1针锁针上钩3针长针，1针锁针]5次，在下2针锁针边角上钩（3针长针，2针锁针，3针长针）；从*处重复2次，1针锁针，[在下1针锁针上钩3针长针，1针锁针]5次，用引拔针与起始的3针锁针最上面的1针连接，在下2针长针上钩引拔针，在边角处钩引拔针。

第8圈： 3针锁针，在边角上钩（2针长针，2针锁针，3针长针），*1针锁针，[在下1针锁针上钩3针长针，1针锁针]6次，在下2针锁针边角上钩（3针长针，2针锁针，3针长针）；从*处重复2次，1针锁针，[在下1针锁针上钩3针长针，1针锁针]6次，用引拔针与起始的3针锁针最上面的1针连接，在下2针长针上钩引拔针，在边角处钩引拔针。剪断A色线。

第9～13圈： 接B色线，按祖母方格的钩织方法继续各圈。第13圈钩完后，剪断B色线。

第14～18圈： 接C色线，按祖母方格的钩织方法继续各圈。第18圈钩完后，剪断C色线。

注意：到此时，储物凳罩的顶部已经完成，接下来要钩织的是其四个侧面。

第19圈： 在任一2针锁针边角处接D色线，3针锁针，在边角上钩2针长针，*1针锁针，在下1针锁针上钩3针长针，从*处重复至整圈，在每1针锁针和2针锁针边角上钩3针长针，用引拔针与起始的3针锁针最上面的1针连接，在下2针长针上钩引拔针，在下1针锁针上钩引拔针。

第20圈： 3针锁针，在1针锁针上钩2针长针，*1针锁针，在下1针锁针上钩3针长针，从*处重复至整圈，用引拔针与起始的3针锁针最上面的1针连接，在下2针长针上钩引拔针，在下1针锁针上钩引拔针。

第21～26圈： 继续用D色线，钩织方法与第20圈相同，至第26圈结束，剪断D色线。

第27～34圈： 接E色线，钩织方法与第20圈相同，至第34圈结束，剪断E色线。

第35～42圈： 接F色线，钩织方法与第20圈相同，至第42圈结束，剪断F色线。

第43～50圈： 接G色线，钩织方法与第20圈相同，至第50圈结束，剪断G色线。

第51～58圈： 接H色线，钩织方法与第20圈相同，至第58圈结束，剪断H色线。

收尾

藏好线头，抻平，罩在储物凳上。

莎拉谈色彩

这个作品选用了一系列较深的颜色，炭黑色、紫色、杏色、咖啡色、芥末黄色、蓝色以及紫红色很好地结合在一起。这些偏深色的色彩条从视觉上明确地宣示了它在客厅的存在，并且与沙发上偏深的色彩尤其是芥末色和紫红色遥相呼应，色彩协调，相互搭配。

按此钩织方法从第19圈开始依次继续剩下部分至第58圈，颜色依次为D色、E色、F色、G色和H色各8圈。

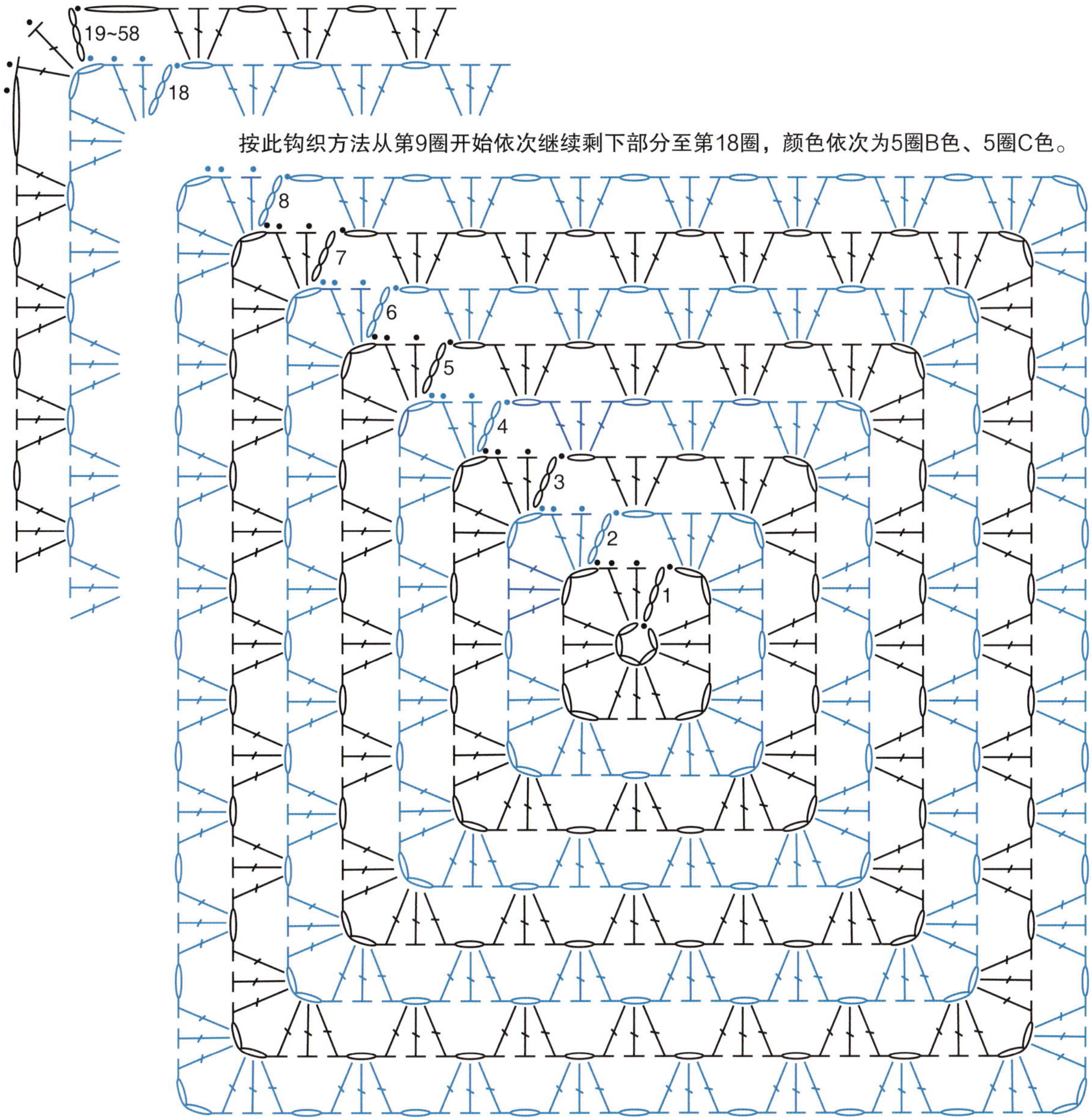

按此钩织方法从第9圈开始依次继续剩下部分至第18圈，颜色依次为5圈B色、5圈C色。

温馨沙发毯

这条颜色鲜艳的祖母方格沙发毯用色相当的大胆。也正是它明媚的色彩带来满室的光亮，甚至在阴暗的天气下也能使房间充满阳光。当天气变冷，寒风呼啸，披上这样一条斑斓的毯子，会让我们在冬夜感受到舒适与温暖。它甚至可以作为流传给后代的传家宝被子孙珍视收藏。

毛线

各种颜色的精纺毛线各少许，每个方块所需毛线长约35m

沙发毯用的是C220毛线（100%秘鲁高地羊毛，3.5oz/100g，220ya/201m）

钩针

美制尺寸G/6（4mm）

其他材料

毛线缝针

成品尺寸

视各人所需而定；每个方块约15cm×15cm

前面

方块数量按需而定

使用你喜欢的任一种颜色的毛线，5针锁针，用引拔针锁成一个圆环。

第1圈：3针锁针，在圆环上钩2针长针，*2针锁针，在圆环上钩3针长针；从*处重复2次，2针锁针，用引拔针与起始的3针锁针最上面的1针连接，在下2针长针上钩引拔针，在边角处钩引拔针。

第2圈：3针锁针，在边角上钩（2针长针，2针锁针，3针长针），*1针锁针，在下2针锁针边角上钩（3针长针，2针锁针，3针长针）；从*处重复2次，1针锁针，用引拔针与起始的3针锁针最上面的1针连接，在下2针长针上钩引拔针，在边角处钩引拔针。剪断现用色线。

第3圈：在任一2针锁针边角处接另一种颜色毛线，3针锁针，在边角上钩（2针长针，2针锁针，3针长针），*1针锁针，在下1针锁针上钩3针长针，1针锁针，在下2针锁针边角上钩（3针长针，2针锁针，3针长针）；从*处重复2次，1针锁针，在下1针锁针上钩3针长针，1针锁针，用引拔针与起始的3针锁针最上面的1针连接，在下2针长针上钩引拔针，在边角处钩引拔针。剪断现用色线。

第4圈：在任一2针锁针边角处接另一种颜色毛线，3针锁针，在边角上钩（2针长针，2针锁针，3针长针），*1针锁针，[在下1针锁针上钩3针长针，1针锁针]2次，在下2针锁针边角上钩（3针长针，2针锁针，3针长针）；从*处重复2次，1针锁针，[在下1针锁针上钩3针长针，1针锁针]2次，用引拔针与起始的3针锁针最上面的1针连接，在下2针长针上钩引拔针，在边角处钩引拔针。剪断现用色线。

第5圈：在任一2针锁针边角处接另一种颜色毛线，3针锁针，在边角上钩（2针长针，2针锁针，3针长针），*1针锁针，[在下1针锁针上钩3针长针，1针锁针]3次，在下2针锁针边角上钩（3针长针，2针锁针，3针长针）；从*处重复2次，1针锁针，[在下1针锁针上钩3针长针，1针锁针]3次，用引拔针与起始的3针锁针最上面的1针连接，在下2针长针上钩引拔针，在边角处钩引拔针。剪断现用色线。

第6圈：在任一2针锁针边角处接另一种颜色毛线，3针锁针，在边角上钩（2针长针，2针锁针，3针长针），*1针锁针，[在下1针锁针上钩3针长针，1针锁针]4次，在下2针锁针边角上钩（3针长针，2针锁针，3针长针）；从*处重复2次，1针锁针，[在下1针锁针上钩3针长针，1针锁针]4次，用引拔针与起始的3针锁针最上面的1针连接，在下2针长针上钩引拔针，在边角处钩引拔针。

第7圈：3针锁针，在边角上钩（2针长针，2针锁针，3针长针），*1针锁针，[在下1针锁针上钩3针长针，1针锁针]5次，在下2针锁针边角上钩（3针长针，2针锁针，3针长针）；从*处重复2次，1针锁针，[在下1针锁针上钩3针长针，1针锁针]5次，用引拔针与起始的3针锁针最上面的1针连接，在下2针长针上钩引拔针，在边角处钩引拔针。剪断现用色线。

收尾

按喜欢的方式把所有的小方块缝在一起成毯子状。藏好线头，抻平。

莎拉谈色彩

要钩织一条多彩的祖母方格毯子，我的方法很简单，那就是颜色越多越好。尽量多地收集各种颜色的毛线，然后尽可能地把它们都用在你的毯子上。我钩织毯子的程序有点像是生产线的流程：首先钩出每个方块的头两圈，然后用不同的颜色将剩下的各圈补完。不用担心颜色过多的问题，正是这种随意的颜色搭配才能激发出色彩的魔力。我在工作的时候不会去想下一步该用什么颜色，往往离我最近的那种色线就是下一圈使用的颜色了。钩织这件作品时，你也可以在色彩方面尽情一试，错不了的。

7
6
5
4
3
2
1

可爱圣诞袜

又是圣诞前夜了，对孩子们来说（当然童心未泯的成人也一样），没有比把圣诞袜挂在壁炉上更兴奋的事情了。圣诞节一大早醒来，发现圣诞袜中装着糖果、玩具等礼物的记忆是我们每个人延续一生的美好回忆。为家里每个成员准备一只宽大漂亮的圣诞袜吧，以后的每个圣诞节大家都会享用和珍惜它的。

毛线

1卷A色精纺毛线，B、C、D色精纺毛线各少许

圣诞袜用的是C220毛线（100%秘鲁高地羊毛，3.5oz/100g，220ya/201m）。袜1用的是#8894(A)号色，#9541（B)号色，#7828(C)号色和#7804(D)号色。袜2用的是#7812(A)号色，#9470(B)号色，#7830(C)号色和#8908(D)号色

钩针

美制尺寸H/8（5mm）

其他材料

毛线缝针

成品尺寸

长约40.5cm

六边形

1块

使用A色线，5针锁针，用引拔针锁成一个圆环。

第1圈：3针锁针，在圆环上钩2针长针，*2针锁针，在圆环上钩3针长针；从*处重复4次，2针锁针，用引拔针与起始的3针锁针最上面的1针连接，在下2针长针上钩引拔针，在边角处钩引拔针。

第2圈：3针锁针，在边角上钩（2针长针，2针锁针，3针长针），*1针锁针，在下2针锁针边角上钩（3针长针，2针锁针，3针长针）；从*处重复4次，1针锁针，用引拔针与起始的3针锁针最上面的1针连接，在下2针长针上钩引拔针，在边角处钩引拔针。

第3圈：3针锁针，在边角上钩（2针长针，2针锁针，3针长针），*1针锁针，在下1针锁针上钩3针长针，1针锁针，在下2针锁针边角上钩（3针长针，2针锁针，3针长针）；从*处重复4次，1针锁针，在下1针锁针上钩3针长针，1针锁针，用引拔针与起始的3针锁针最上面的1针连接，在下2针长针上钩引拔针，在边角处钩引拔针。

第4圈：3针锁针，在边角上钩（2针长针，2针锁针，3针长针），*1针锁针，[在下1针锁针上钩3针长针，1针锁针]2次，在下2针锁针边角上钩（3针长针，2针锁针，3针长针）；从*处重复4次，1针锁针，[在下1针锁针上钩3针长针，1针锁针]2次，用引拔针与起始的3针锁针最上面的1针连接，在下2针长针上钩引拔针，在边角处钩引拔针。

第5圈：3针锁针，在边角上钩（2针长针，2针锁针，3针长针），*1针锁针，[在下1针锁针上钩3针长针，1针锁针]3次，在下2针锁针边角上钩（3针长针，2针锁针，3针长针）；从*处重复4次，1针锁针，[在下1针锁针上钩3针长针，1针锁针]3次，用引拔针与起始的3针锁针最上面的1针连接，在下2针长针上钩引拔针，在边角处钩引拔针。

第6圈：3针锁针，在边角上钩（2针长针，2针锁针，3针长针），*1针锁针，[在下1针锁针上钩3针长针，1针锁针]4次，在下2针锁针边角上钩（3针长针，2针锁针，3针长针）；从*处重复4次，1针锁针，[在下1针锁针上钩3针长针，1针锁针]4次，用引拔针与起始的3针锁针最上面的1针连接，在下2针长针上钩引拔针，在边角处钩引拔针。

第7圈：3针锁针，在边角上钩（2针长针，2针锁针，3针长针），*1针锁针，[在下1针锁针上钩3针长针，1针锁针]5次，在下2针锁针边角上钩（3针长针，2针锁针，3针长针）；从*处重复4次，1针锁针，[在下1针锁针上钩3针长针，1针锁针]5次，用引拔针与起始的3针锁针最上面的1针连接，在下2针长针上钩引拔针，在边角处钩引拔针。

第8圈：3针锁针，在边角上钩（2针长针，2针锁针，3针长针），*1针锁针，[在下1针锁针上钩3针长针，1针锁针]6次，在下2针锁针边角上钩（3针长针，2针锁针，3针长针）；从*处重复4次，1针锁针，[在下1针锁针上钩3针长针，1针锁针]6次，用引拔针与起始的3针锁针最上面的1针连接，在下2针长针上钩引拔针，在边角处钩引拔针。

第9圈：3针锁针，在边角上钩（2针长针，2针锁针，3针长针），*1针锁针，[在下1针锁针上钩3针长针，1针锁针]7次，在下2针锁针边角上钩（3针长针，2针锁针，3针长针）；从*处重复4次，1针锁针，[在下1针锁针上钩3针长针，1针锁针]7次，用引拔针与起始的3针锁针最上面的1针连接，在下2针长针上钩引拔针，在边角处钩引拔针。

第10圈：3针锁针，在边角上钩（2针长针，2针锁针，3针长针），*1针锁针，[在下1针锁针上钩3针长针，1针锁针]8次，在下2针锁针边角上钩（3针长针，2针锁针，3针长针）；从*处重复4次，1针锁针，[在下1针锁针上钩3针长针，1针锁针]8次，用引拔针与起始的3针锁针最上面的1针连接，在下2针长针上钩引拔针，在边角处钩引拔针。剪断A色线。

正面朝上，把六边形对折成L形。使用A色线，用短针将两个较长的边缝起来，顶部和底部的两个边依然开口。翻到正面。

袜筒部分

第1圈：在顶部开口的任一1针锁针处接A色线，3针锁针，在同一位置上钩2针长针，*1针锁针，在下1针锁针上钩3针长针；从*处重复至整圈，1针锁针，用引拔针与起始的3针锁针最上面的1针连接，在下2针长针上钩引拔针，在下1针锁针上钩引拔针。

第2～10圈：3针锁针，在同一位置上钩2针长针，*1针锁针，在下1针锁针上钩3针长针；从*处重复至整圈，1针锁针，用引拔针与起始的3针锁针最上面的1针连接，在下2针长针上钩引拔针，在下1针锁针上钩引拔针。在第10圈结束时剪断A色线。

第11圈：在任一1针锁针处接B色线，3针锁针，在同一位置上钩2针长针，*1针锁针，在下1针锁针上钩3针长针；从*处重复至整圈，1针锁针，用引拔针与起始的3针锁针最上面的1针连接，在下2针长针上钩引拔针，在下1针锁针上钩引拔针。剪断B色线。

第12圈：在任一1针锁针处接C色线，3针锁针，在同一位置上钩2针长针，*1针锁针，在下1针锁针上钩3针长针；从*处重复至整圈，1针锁针，用引拔针与起始的3针锁针最上面的1针连接，在下2针长针上钩引拔针，在下1针锁针上钩引拔针。剪断C色线。

第13圈：在任一1针锁针处接D色线，3针锁针，在同一位置上钩2针长针，*1针锁针，在下1针锁针上钩3针长针；从*处重复至整圈，1针锁针，用引拔针与起始的3针锁针最上面的1针连接，在下2针长针上钩引拔针，在下1针锁针上钩引拔针。剪断D色线。

第14圈：在任一1针锁针处接A色线，3针锁针，在同一位置上钩2针长针，*1针锁针，在下1针锁针上钩3针长针；从*处重复至整圈，1针锁针，用引拔针与起始的3针锁针最上面的1针连接，在下2针长针上钩引拔针，在下1针锁针上钩引拔针。剪断A色线。

脚趾部分

第1圈：在另一端开口处进行剩下的部分。在任一1针锁针处接A色线，2针锁针，在每1针锁针和长针上钩1针中长针，钩至整圈，用引拔针与起始的2针锁针上面的1针连接。

第2圈：3针锁针，3针长针并1针，重复至整圈，引拔针收口。

第3圈：3针锁针，3针长针并1针，重复至整圈，引拔针收口。剪断A色线。

挂环

在袜筒后部沿边任一1针锁针处接A色线，8针锁针，在下1针锁针上钩短针。剪断A色线。

收尾

藏好线头，抻平。

莎拉谈色彩

圣诞节的传统色彩以红色和绿色最为流行，所以我选择绿色来完成这个圣诞袜，同时在袜筒上端点缀了几圈常见色。因为圣诞节时屋里屋外充斥了太多的红色，挂上绿色的圣诞袜也不失为点睛之笔。

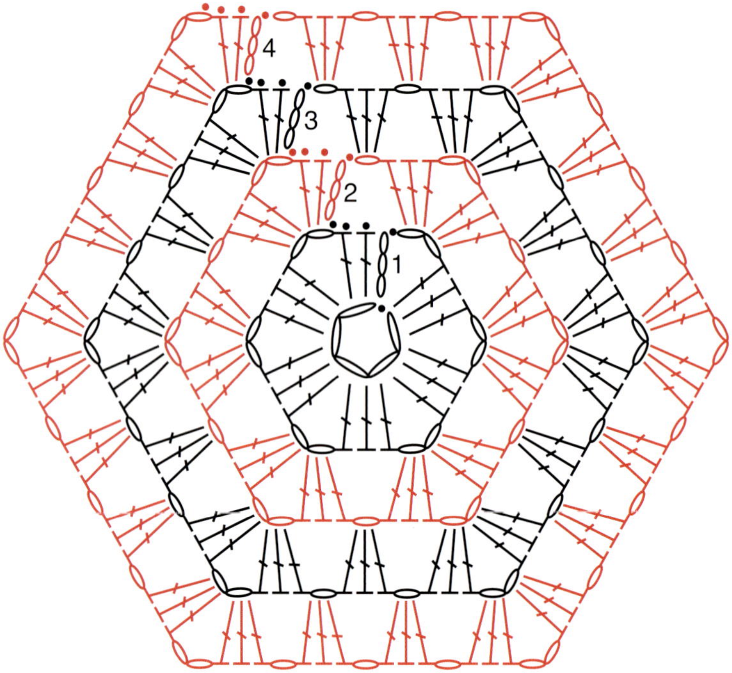

六边形

按此钩织方法继续至第10圈

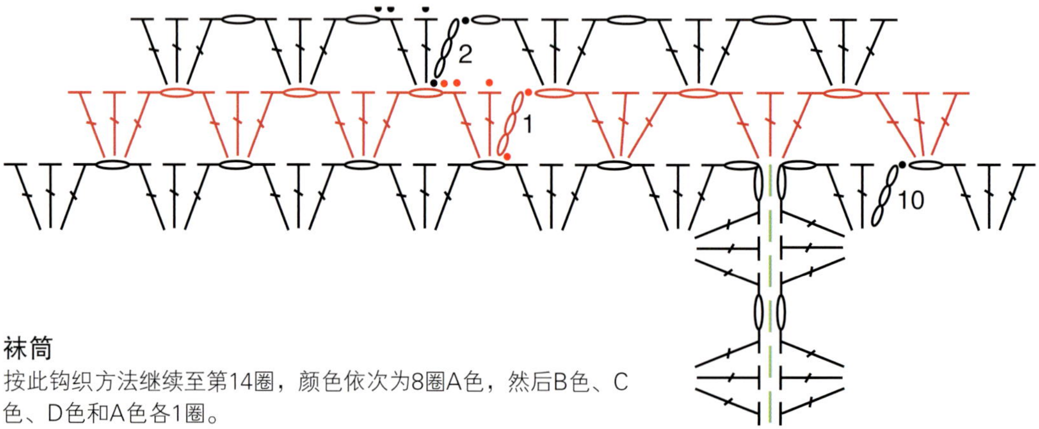

袜筒

按此钩织方法继续至第14圈，颜色依次为8圈A色，然后B色、C色、D色和A色各1圈。

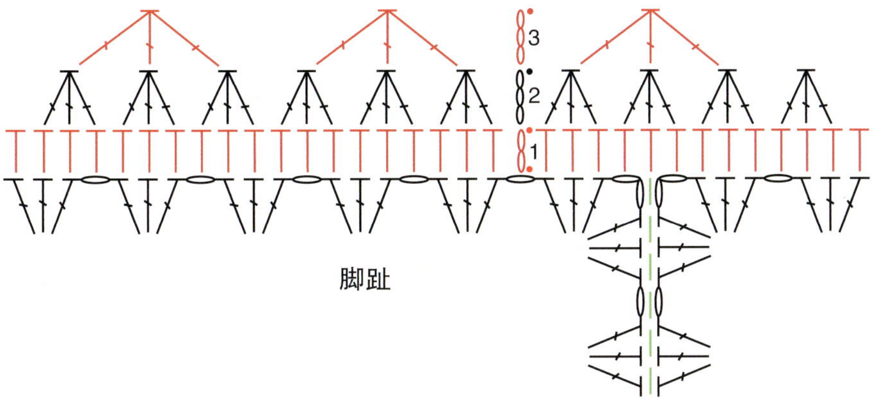
3
2
1
脚趾

厨房

本章我们将要装扮的是家中最实用的一个房间——厨房，我们将会用钩织作品为这一空间带来充满生机的色彩。每一件作品都会为厨房带来生机与活力。要介绍的第一件作品就是高脚凳罩，那一圈圈多彩的颜色很快就让那把老式高脚凳改头换面，旧貌换新颜了。我之所以喜欢这样的凳罩，就是由于它们易拆卸易清洗。在钩织这样的作品时，颜色选择上可以参考家里的其他家居饰品颜色，尽量保持一致，这样才会使房间整洁雅致。除了高脚凳我们还有其他可以翻新的物件，比如一件老式的围裙，给它加上个用祖母方格钩织成的大口袋，就会立马变得时尚漂亮了。在准备餐食时穿着它要多梦幻就有多梦幻，哪怕不穿戴，挂在墙上也是一道风景。这些小物件可以让厨房变得更加多彩烂漫，更有生活情调。

不过我们在本章介绍的这些作品也不都是为了好看，它们其实也都相当的实用。我们可以试着钩织几块洗碗布，但是记住针目要密一些，用短针去钩，这样钩织出来的东西会比较耐用。另外，也可以拿来当礼物送人，自己钩的时候不妨多钩几块，以备不时之需。再下面介绍到的物件是隔热垫，它不仅可以保护你的手不被烫伤，也可以给厨房增添些许艺术氛围。而且这个作品比较适合初学者练手，所以参照60页的钩织方法说明，赶紧尝试一下吧，又能练手还可以试试不同的色彩搭配，一举两得。本章最后介绍的是购物包的钩织方法，请参照64页的详细说明，其中我介绍了如何瞬间给一个普普通通的购物包改头换面，时尚大变身。这款包特别适合我们外出购物时使用。

浪漫高脚凳罩

高脚凳是厨房里的常备物件。一个漂亮、圆形的钩织高脚凳罩会让已经有些破旧的凳子立刻旧貌换新颜，并且给单调的厨房增添几分亮色。它既美观又实用，并且易于拆洗，实在是装饰厨房的最佳选择。

毛线

4卷精纺毛线，A、B、C、D 4种颜色各1卷

高脚凳罩用的是C220毛线（100%秘鲁高地羊毛，3.5oz/100g，220ya/201m），#9473(A)号色，#8914(B)号色，#4192(C)号色和#8339(D)号色

钩针

美制尺寸G/6（4mm）

其他材料

毛线缝针

成品尺寸

直径约30.5cm

第1圈：用A色线，4针锁针，从钩针处往回数的第4针锁针上钩11针长针，用引拔针与起始的3针锁针最上面的1针连接。

第2圈：3针锁针，同一针上钩1针长针，*1针锁针，在下1针长针上钩2针长针；从*处重复至整圈，1针锁针，用引拔针与起始的3针锁针最上面的1针连接，在下1针长针上钩引拔针，在下1针锁针上钩引拔针。剪断A色线。

第3圈：在任一1针锁针处接B色线，3针锁针，在同一位置上钩2针长针，*1针锁针，在下1针锁针上钩3针长针；从*处重复至整圈，1针锁针，用引拔针与起始的3针锁针最上面的1针连接，在下2针长针上钩引拔针，在下1针锁针上钩引拔针。

第4圈：3针锁针，在同一位置上钩2针长针，*1针锁针，在下1针锁针上钩3针长针；从*处重复至整圈，1针锁针，用引拔针与起始的3针锁针最上面的1针连接，在下2针长针上钩引拔针，在下1针锁针上钩引拔针。剪断B色线。

第5圈：在任一1针锁针处接C色线，3针锁针，在同一位置上钩2针长针，*2针锁针，在下1针锁针上钩3针长针；从*处重复至整圈，2针锁针，用引拔针与起始的3针锁针最上面的1针连接，在下2针长针上钩引拔针，在下1针锁针上钩引拔针。剪断C色线。

第6圈：在任一2针锁针处接A色线，3针锁针，在同一位置上钩(1针长针，1针锁针，2针长针)，*1针锁针，在下2针锁针上钩（2针长针，1针锁针，2针长针）；从*处重复至整圈，1针锁针，用引拔针与起始的3针锁针最上面的1针连接，在下1针长针上钩引拔针，在下1针锁针上钩引拔针。

第7圈：3针锁针，在同一位置上钩2针长针，*1针锁针，在下1针锁针上钩3针长针；从*处重复至整圈，1针锁针，用引拔针与起始的3针锁针最上面的1针连接，在下2针长针上钩引拔针，在下1针锁针上钩引拔针。剪断A色线。

第8圈：在任一1针锁针处接D色线，3针锁针，在同一位置上钩2针长针，*1针锁针，在下1针锁针上钩3针长针；从*处重复至整圈，1针锁针，用引拔针与起始的3针锁针最上面的1针连接，在下2针长针上钩引拔针，在下1针锁针上钩引拔针。剪断D色线。

第9圈：在任一1针锁针处接B色线，3针锁针，在同一位置上钩2针长针，*2针锁针，在下1针锁针上钩3针长针；从*处重复至整圈，2针锁针，用引拔针与起始的3针锁针最上面的1针连接，在下2针长针上钩引拔针，在下1针锁针上钩引拔针。

第10圈：3针锁针，在同一位置上钩(1针长针，1针锁针，2针长针)，*1针锁针，在下2针锁针上钩（2针长针，1针锁针，2针长针)；从*处重复至整圈，1针锁针，用引拔针与起始的3针锁针最上面的1针连接，在下1针长针上钩引拔针，在下1针锁针上钩引拔针。剪断B色线。

第11圈：在任一1针锁针处接C色线，3针锁针，在同一位置上钩1针长针，*1针锁针，在下1针锁针上钩2针长针；从*处重复至整圈，1针锁针，用引拔针与起始的3针锁针最上面的1针连接，在下1针长针上钩引拔针，在下1针锁针上钩引拔针。剪断C色线。

第12圈：在任一1针锁针处接D色线，3针锁针，在这一整圈的每1针上钩1针长针，用引拔针与起始的3针锁针最上面的1针连接。剪断D色线。

第13圈：在任一针处接C色线，3针锁针，在这一整圈的每1针上钩1针长针，用引拔针与起始的3针锁针最上面的1针连接。

第14圈：3针锁针，在这一整圈的每1针上钩1针长针，用引拔针与起始的3针锁针最上面的1针连接。

第15圈：2针锁针，在这一整圈的每1针上钩1针中长针，用引拔针与起始的2针锁针最上面的1针连接。剪断C色线。

收尾

藏好线头，抻平。罩在凳子上。

莎拉谈色彩

这个凳罩选用了炭黑色、淡紫色、橄榄色和深蓝色的色彩搭配，呈圆形组合在一起。其中黑色和深蓝色的对比比较强烈，但由于加入了橄榄色和淡紫色，巧妙地软化了这一色差。如果考虑到凳罩与室内装饰搭配的问题，最好在选色时考虑一下窗帘的颜色，尽量和其中的某种颜色一致。不过，有时候小小的色彩反差反而会给房间增加更多的韵味。

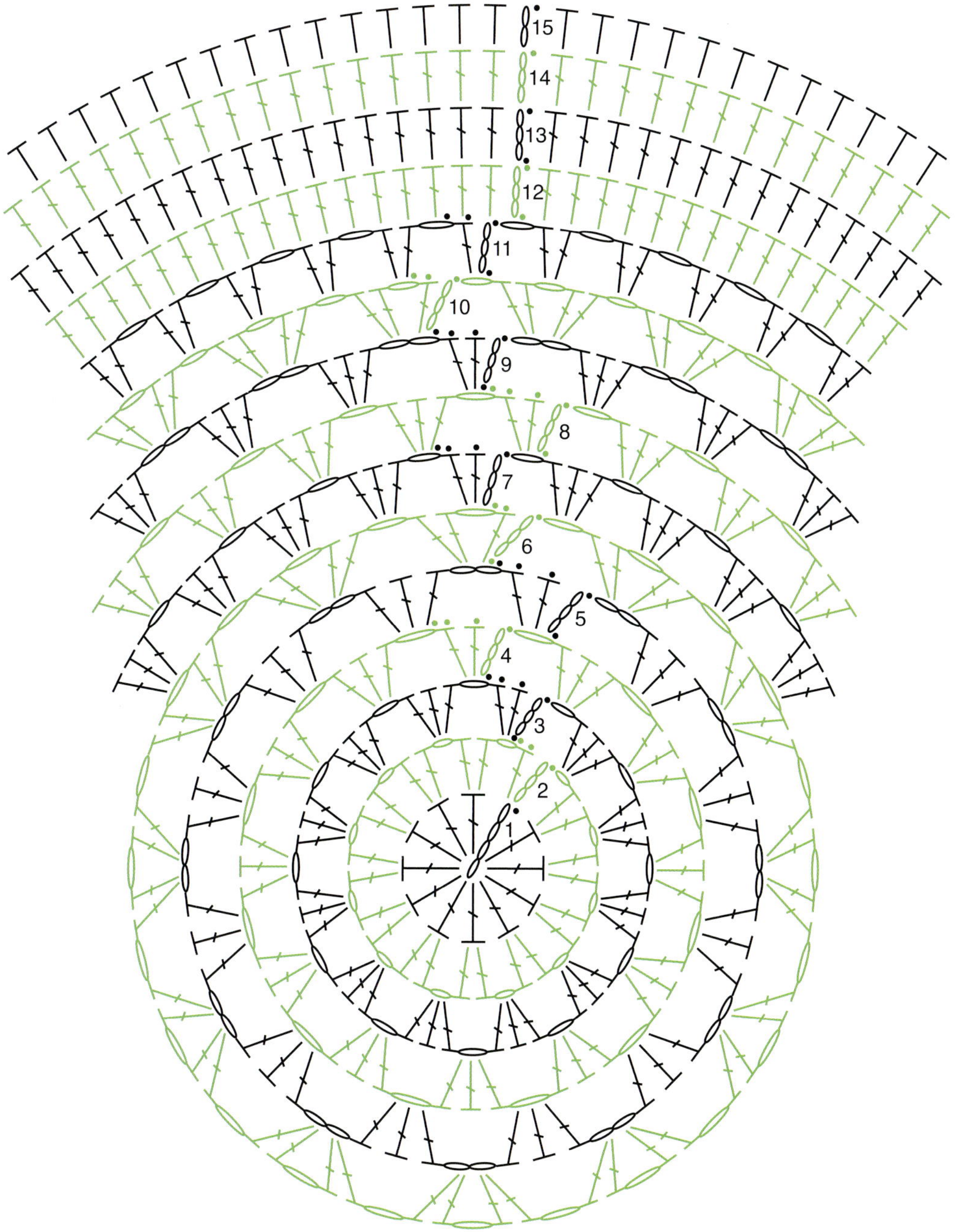
15
14
13
12
11
10
9
8
7
6
5
4
3
2
1

实用围裙兜

在厨房做饭，围裙必不可缺。要是围裙上有个大大的兜，就更受欢迎了。一个由三块用色大胆的祖母方格做成的大兜可以很便捷地缝在围裙上，并且能使这件普普通通又用了很久的围裙立时变得与众不同。

毛线

各种颜色的精纺毛线各少许，每个方块需A、B、C、D、E 5种颜色，饰边处需要F色。共需毛线长约23m

围裙兜用的是C220毛线（100%秘鲁高地羊毛，3.5oz/100g，220ya/201m）。方块1用的是#8408(A)号色，#7830（B)号色，#9469(C)号色，#8412(D)号色和#9477(E)号色。方块2用的是#7804(A)号色，#8412(B)号色，#7828(C)号色，#8905(D)号色和#8509(E)号色。方块3用的是#9470(A)号色，#9484(B)号色，#9493(C)号色，#9542(D)号色和#9076(E)号色。兜袋饰边用的是#8894(F)号色

钩针

美制尺寸G/6（4mm）

其他材料

旧围裙
毛线缝针
缝衣针
透明单丝线

成品尺寸

兜大小约为34.5cm×11.5cm

方块

3个

使用A色线，5针锁针，用引拔针锁成一个圆环。

第1圈： 3针锁针，在圆环上钩2针长针，*2针锁针，在圆环上钩3针长针；从*处重复2次，2针锁针，用引拔针与起始的3针锁针最上面的1针连接，在下2针长针上钩引拔针，在边角处钩引拔针。剪断A色线。

第2圈： 在任一2针锁针边角处接B色线，3针锁针，在边角上钩（2针长针，2针锁针，3针长针），*1针锁针，在下2针锁针边角上钩（3针长针，2针锁针，3针长针）；从*处重复2次，1针锁针，用引拔针与起始的3针锁针最上面的1针连接，在下2针长针上钩引拔针，在边角处钩引拔针。剪断B色线。

第3圈： 在任一2针锁针边角处接C色线，3针锁针，在边角上钩（2针长针，2针锁针，3针长针），*1针锁针，在下1针锁针上钩3针长针，1针锁针，在下2针锁针边角上钩（3针长针，2针锁针，3针长针）；从*处重复2次，1针锁针，在下1针锁针上钩3针长针，1针锁针，用引拔针与起始的3针锁针最上面的1针连接，在下2针长针上钩引拔针，在边角处钩引拔针。剪断C色线。

第4圈： 在任一2针锁针边角处接D色线，3针锁针，在边角上钩（2针长针，2针锁针，3针长针），*1针锁针，[在下1针锁针上钩3针长针，1针锁针]2次，在下2针锁针边角上钩（3针长针，2针锁针，3针长针）；从*处重复2次，1针锁针，[在下1针锁针上钩3针长针，1针锁针]2次，用引拔针与起始的3针锁针最上面的1针连接，在下2针长针上钩引拔针，在边角处钩引拔针。剪断D色线。

第5圈：在任一2针锁针边角处接E色线，3针锁针，在边角上钩（2针长针，2针锁针，3针长针），*1针锁针，[在下1针锁针上钩3针长针，1针锁针]3次，在下2针锁针边角上钩（3针长针，2针锁针，3针长针）；从*处重复2次，1针锁针，[在下1针锁针上钩3针长针，1针锁针]3次，用引拔针与起始的3针锁针最上面的1针连接，在下2针长针上钩引拔针，在边角处钩引拔针。剪断E色线。

收尾

将3个方块按个人喜好缝制成带状。

饰边（在带状成品四围）

下一圈：在任一2针锁针边角处接F色线，2针锁针，在边角上钩（1针中长针，2针锁针，2针中长针），在整圈的每1针上钩1针中长针，在每个2针锁针的边角上钩（2针中长针，2针锁针，2针中长针）。

藏好线头，抻平。用针线将缝好的兜缝在围裙前面正中间的位置，上面的一边留口。

莎拉谈色彩

由各种颜色毛线钩织成的祖母方格做成的围裙兜相当实用美观。不过色彩搭配方面要注意的是，选用的颜色中至少要有一种和围裙本身已有的某一颜色相同，这样所有的颜色才会协调。

饰边

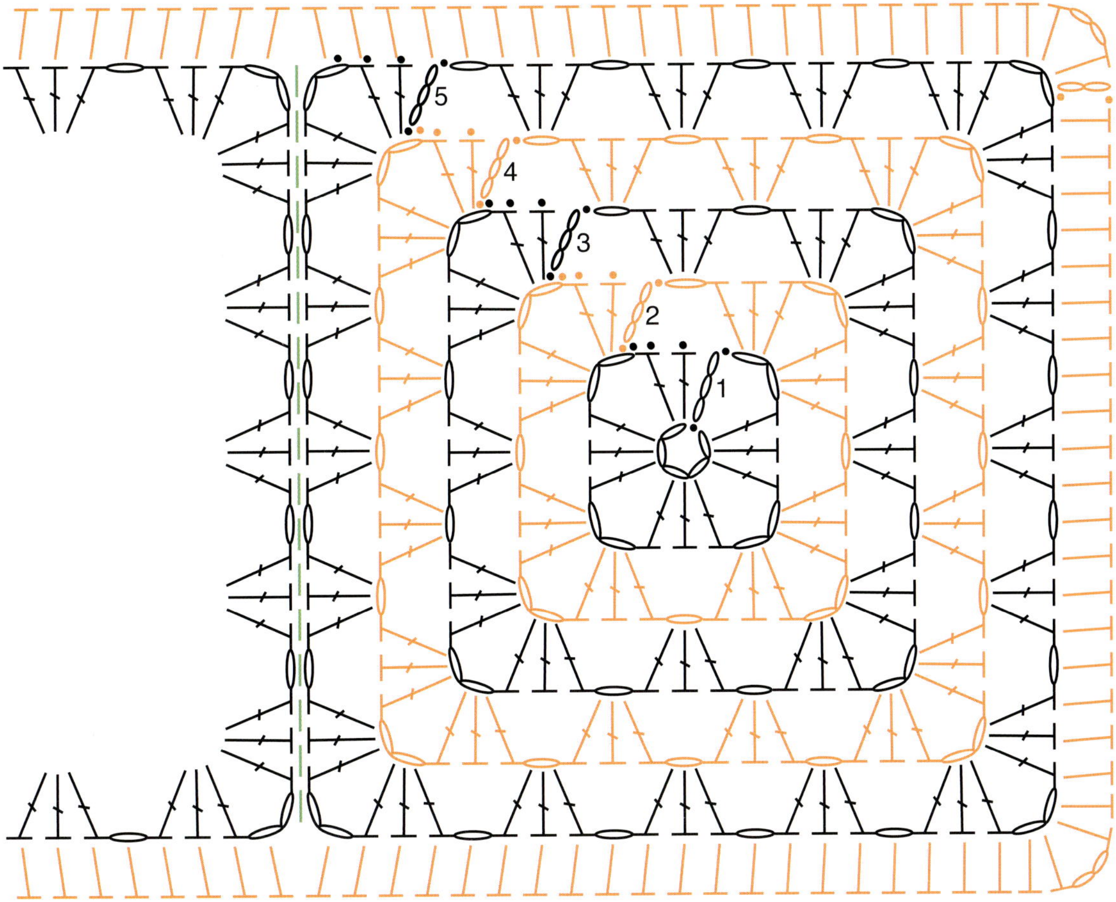

色彩明快的洗碗布

颜色鲜艳的洗碗布在厨房非常显眼，将洗碗与擦碗变成了享受。实用性是最关键的一点，所以在钩织洗碗布时针目要密一些。这样洗碗布才会更耐用也更能保持其形状，不容易脱散。钩织一摞颜色漂亮的洗碗布是一个为厨房洗碗池增添色彩最快又最方便的方法。

毛线

1卷精纺毛线

洗碗布用的是C220毛线（100%秘鲁高地羊毛，3.5oz/100g，220ya/201m）。洗碗布1用的是#9542号色，洗碗布2用的是#8901号色

钩针

美制尺寸G/6（直径4mm）

其他材料

毛线缝针

成品尺寸

约18cm×23cm

29针锁针

第1行：在从钩针往回数的第3针锁针上钩1针中长针，*跳过1针锁针，在下1针锁针上钩2针中长针；从*处重复至整行，2针锁针，转弯。

第2行：在下2针中长针中间钩1针中长针，*在下2针中长针中间钩2针中长针；从*处重复至整行，行尾在转弯锁针上钩2针中长针，2针锁针，转弯。

第3～34行：在下2针中长针中间钩1针中长针，*在下2针中长针中间钩2针中长针；从*处重复至整行，行尾在转弯锁针上钩2针中长针，2针锁针，转弯。

第35行：在下2针中长针中间钩1针中长针，*在下2针中长针中间钩2针中长针；从*处重复至整行，行尾在转弯锁针上钩2针中长针。剪断毛线。

收尾

藏好线头，抻平。

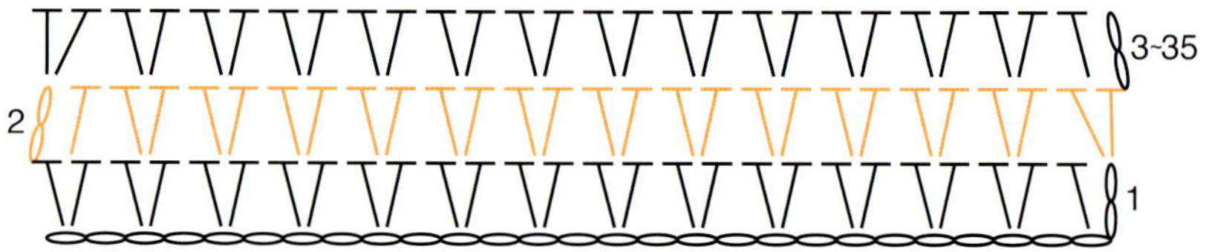

莎拉谈色彩

用色大胆、明快的洗碗布会给任何一个厨房增添生机。图中的洗碗布采用的是亮橙色和深紫色，为的就是增加色彩的视觉冲击力。如果你的厨房比较拥挤、喧闹，选用一些平缓甚至偏暗的颜色为宜。

带挂环隔热垫

颜色多样的隔热垫会给任何一个厨房增添明快的氛围。只需用你平时积攒的毛线边料就可以完成了，而且不挑颜色。你尽可以在这个作品上大胆试验不同颜色的组合，绝对不会出错的。哪怕是简单地把它们挂在炉子上方的墙上也是一种怡人的视觉享受。

毛线

3卷精纺毛线，A、B、C色各1卷

图例中的隔热垫用的是C220毛线（100%秘鲁高地羊毛，3.5oz/100g，220ya/201m）。隔热垫1用的是#8339(A)号色，#9477(B)号色和#8914(C)号色。隔热垫2用的是#9430(A)号色，#7804(B)号色和#8412(C)号色

钩针

美制尺寸G/6（直径4mm）

其他材料

毛线缝针

成品尺寸

约17cm×17cm（不含挂环）

隔热垫

使用A色线，5针锁针，用引拔针锁成一个圆环。

第1圈：3针锁针，在圆环上钩2针长针，*2针锁针，在圆环上钩3针长针；从*处重复2次，2针锁针，用引拔针与起始的3针锁针最上面的1针连接，在下2针长针上钩引拔针，在边角处钩引拔针。

第2圈：3针锁针，在边角上钩（2针长针，2针锁针，3针长针），*1针锁针，在下2针锁针边角上钩（3针长针，2针锁针，3针长针）；从*处重复2次，1针锁针，用引拔针与起始的3针锁针最上面的1针连接，在下2针长针上钩引拔针，在边角处钩引拔针。剪断A色线。

第3圈：在任一2针锁针边角处接B色线，3针锁针，在边角上钩（2针长针，2针锁针，3针长针），*1针锁针，在下1针锁针上钩3针长针，1针锁针，在下2针锁针边角上钩（3针长针，2针锁针，3针长针）；从*处重复2次，1针锁针，在下1针锁针上钩3针长针，1针锁针，用引拔针与起始的3针锁针最上面的1针连接，在下2针长针上钩引拔针，在边角处钩引拔针。

第4圈：3针锁针，在边角上钩（2针长针，2针锁针，3针长针），*1针锁针，[在下1针锁针上钩3针长针，1针锁针]2次，在下2针锁针上边角上钩（3针长针，2针锁针，3针长针）；从*处重复2次，1针锁针，[在下1针锁针上钩3针长针，1针锁针]2次，用引拔针与起始的3针锁针最上面的1针连接，在下2针长针上钩引拔针，在边角处钩引拔针。剪断B色线。

第5圈：在任一2针锁针边角处接C色线，3针锁针，在边角上钩（2针长针，2针锁针，3针长针），*1针锁针，[在下1针锁针上钩3针长针，1针锁针]3次，在下2针锁针边角上钩（3针长针，2针锁针，3针长针）；从*处重复2次，1针锁针，[在下1针锁针上钩3针长针，1针锁针]3次，用引拔针与起始的3针锁针最上面的1针连接，在下2针长针上钩引拔针，在边角处钩引拔针。

第6圈：3针锁针，在边角上钩（2针长针，2针锁针，3针长针），*1针锁针，[在下1针锁针上钩3针长针，1针锁针]4次，在下2针锁针边角上钩（3针长针，2针锁针，3针长针）；从*处重复2次，1针锁针，[在下1针锁针上钩3针长针，1针锁针]4次，用引拔针与起始的3针锁针最上面的1针连接，在下2针长针上钩引拔针，在边角处钩引拔针。

第7圈：3针锁针，在边角上钩（2针长针，2针锁针，3针长针），*1针锁针，[在下1针锁针上钩3针长针，1针锁针]5次，在下2针锁针边角上钩（3针长针，2针锁针，3针长针）；从*处重复2次，1针锁针，[在下1针锁针上钩3针长针，1针锁针]5次，用引拔针与起始的3针锁针最上面的1针连接，在下2针长针上钩引拔针，在边角处钩引拔针。

第8圈：3针锁针，在边角上钩（2针长针，2针锁针，3针长针），*1针锁针，[在下1针锁针上钩3针长针，1针锁针]6次，在下2针锁针边角上钩（3针长针，2针锁针，3针长针）；从*处重复2次，1针锁针，[在下1针锁针上钩3针长针，1针锁针]6次，用引拔针与起始的3针锁针最上面的1针连接，在下2针长针上钩引拔针，在边角处钩引拔针。剪断C色线。

挂环

使用C色线，12针锁针，用引拔针锁成一个圆环。

第1圈：1针锁针，在圆环上钩22针短针，用引拔针和第1针短针连接。剪断毛线，留足够长的线头用于接下来的缝合。

收尾

使用留下的线头，把挂环在相应的角上缝紧。藏好线头，抻平。

莎拉谈色彩

像图中的隔热垫那样，冷暖色混合使用，搭配出的颜色十分出彩。根据你家厨房里的家居、饰品颜色所钩织的一套冷暖色调搭配的隔热垫肯定会很漂亮。

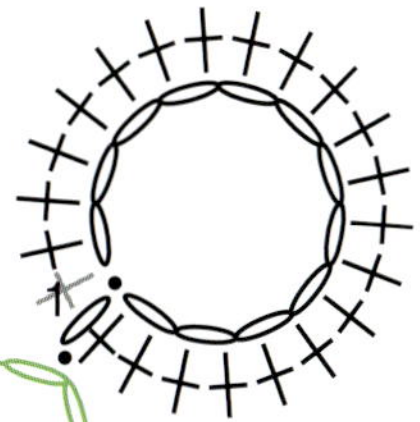

挂环

时尚购物包

下次去超市大采购时背上这个靓丽的购物包，包你在人群中脱颖而出。把一个结实的麻质或帆布的普通购物包改造成颜色漂亮且式样灵动的时尚包所需要的仅仅是，将几种颜色大胆地搭配钩织成多条五彩的条形织带。在包上固定之后，就成了具功能性与欣赏性于一体的适合出门采购的购物包了。不用时，挂在厨房门后，便又变身为一幅美丽的观赏画了。

毛线

7卷精纺毛线，A、B、C色各1卷，D色4卷

购物包用的是C220毛线（100%秘鲁高地羊毛，3.5oz/100g，220ya/201m），#7804(A)号色，#9430（B)号色，#7830(C)号色和#7828(D)号色

钩针

美制尺寸G/6（直径4mm）

其他材料

尺寸为43cm×33cm×18cm的购物包
毛线缝针
缝衣针
透明单丝线

成品尺寸

约43cm×33cm×18cm

包

使用A色线，206针锁针。

第1行：在从钩针往回数的第2针锁针上钩1针短针，在剩下的每1针锁针上钩1针短针，钩完1行，1针锁针，转弯。

第2、3行：在每1针短针上钩1针短针，钩完1行，1针锁针，转弯。

第4行：在每1针短针上钩1针短针，钩完1行，换D色线，3针锁针，转弯。

第5行：在第1针短针上钩1针长针，*跳过2针短针，在下1针短针上钩3针长针；从*处重复至整行，尾针跳过2针短针，在最后1针短针上钩2针长针，3针锁针，转弯。

第6行：跳过2针长针，在下1针孔眼上钩3针长针，*跳过3针长针，在下1针孔眼上钩3针长针；从*处重复至整行，尾针在最后1针锁针上钩1针长针，3针锁针，转弯。

第7行：在第1针孔眼上钩1针长针，*跳过3针长针，在下1针孔眼上钩3针长针；从*处重复至整行，尾针跳过3针长针，在最后1针锁针上钩2针长针，3针锁针，转弯。

重复第6、7行，毛线的颜色变换如下：

第8、14行：继续使用D色线

第15、16行：B色线

第17～24行：C色线

第25、26行：B色线

Campbell's
PRODUCT OF PERU
REFRIGERATE
AFTER OPENING
FREECALL:
ARNOTT'S

第27～35行：D色线

第36行：跳过2针长针，在下1针孔眼上钩3针长针，*跳过3针长针，在下1针孔眼上钩3针长针；从*处重复至整行，尾针在最后1针锁针上钩1针长针，1针锁针，转弯。剪断D色线。

第37行：接A色线，在每1针长针上钩1针短针，重复至整行，1针锁针，转弯。

第38、39行：在每1针短针上钩1针短针，重复至整行，1针锁针，转弯。

第40行：在每1针短针上钩1针短针，重复至整行，剪断毛线。

收尾

对好边，把边缝在一起。藏好线头，抻平。套上购物包，将边对齐，然后用针线将顶部与底部边缝在包上。

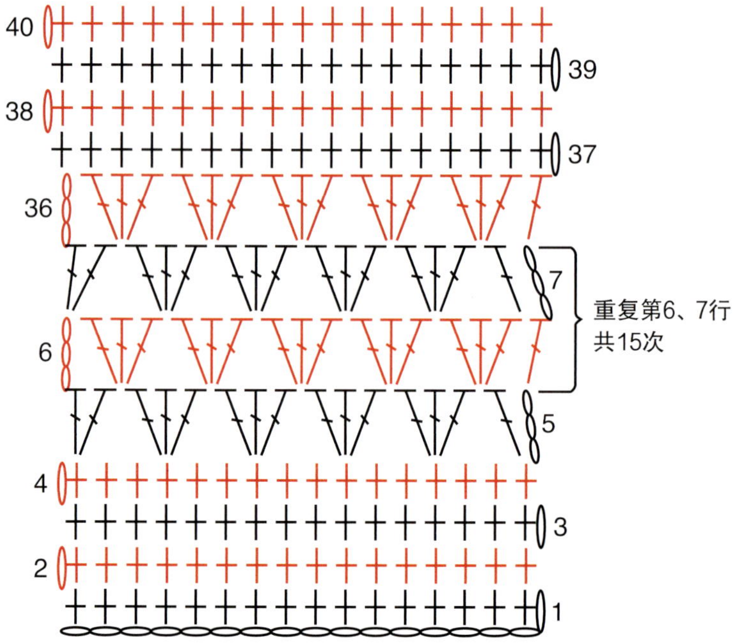

钩织方法缩简图

莎拉谈色彩

这个包所选的颜色很跳脱，但却又服帖地融合在了一起。明黄的底色加上绿色与红色的条形搭配，出来的效果非常夺目，尤其是最后的粉色包边，起到了画龙点睛的效果。

ARNOTT'S

餐厅

本章我们将会学习五种新式的厨房用具钩织方法，你肯定会喜欢的。用祖母方格给你家的台布加上迷人的花边，将其变得独一无二，下次朋友聚会时肯定会使你神气十足。70页所教的台布饰边，每一个边的颜色都不一样，像是不同的色彩在台布的四周流转似的，为桌上的餐碟勾画了一个彩色的边框，也将整个餐桌装扮得活色生香。

台布是为一些特殊场合特别准备的物件，然而餐垫却是每天日常应用不可缺少的必需品。做一对或一整套颜色搭配得当的餐垫，家人人手一份，那就更棒了。说完餐垫就不得不介绍一下餐巾盒了，缺了它，餐桌的整体性就得不到体现。我将会教大家一种简便的用祖母方格钩织的餐巾盒制作方法，再没有比这种方法更简单的了。

接下来介绍的是一款漂亮的水壶套，祖母方格钩织成的方块巧妙地组合在一起，漂亮极了，而且也给餐桌增添了亮色。你钩织的水壶套颜色可以与餐具一致，也可以造成颜色的反差。水壶套是一件很受欢迎的送人佳品，所以多做几个送给你的闺蜜或亲友，绝对人气爆棚哦。

最后要介绍的这件物品适合常年悬挂，那就是装饰花片，是节日时最佳的气氛渲染物。有了它们，整个房间都会充满幸福和欢乐。参照88页的制作方法，用平时剩余的毛线头钩织一些大小不一的花片，然后将其不规则地串起，节日时悬挂起来，便可装点出满室的温馨。

亮丽台布饰边

经过用漂亮而又时尚的祖母方格装饰一新的普通台布会给家庭聚会等特殊场合锦上添花。而且钩织台布饰边是一个消化库存的好机会，因为它只需用大家平时积攒的毛线头就够了，当然为了成品的美观需要事先考虑好颜色搭配问题。给祖母方格饰边选用的颜色要与台布的颜色一致或相配，这样最后的效果才会统一协调。

毛线

各种颜色的精纺毛线各少许，每个方块所需毛线长约12m

1卷A色精纺毛线专门用来收边

台布饰边用的是C220毛线（100%秘鲁高地羊毛，3.5oz/100g，220ya/201m）。收边用的是#8010(A)号色线

钩针

美制尺寸G/6（直径4mm）

其他材料

老式台布
毛线缝针
缝衣针
透明单丝线

成品尺寸

9cm×所需的长度

方块

数量以连起来围住台布周边为适

使用喜欢的任一色线，5针锁针，用引拔针锁成一个圆环。

第1圈：3针锁针，在圆环上钩2针长针，*2针锁针，在圆环上钩3针长针；从*处重复2次，2针锁针，用引拔针与起始的3针锁针最上面的1针连接，在下2针长针上钩引拔针，在边角处钩引拔针。

第2圈：3针锁针，在边角上钩（2针长针，2针锁针，3针长针），*1针锁针，在下2针锁针边角上钩（3针长针，2针锁针，3针长针）；从*处重复2次，1针锁针，用引拔针与起始的3针锁针最上面的1针连接，在下2针长针上钩引拔针，在边角处钩引拔针。剪断现用色线。

第3圈：在任一2针锁针边角处接另一种颜色毛线，3针锁针，在边角上钩（2针长针，2针锁针，3针长针），*1针锁针，在下1针锁针上钩3针长针，1针锁针，在下2针锁针边角上钩（3针长针，2针锁针，3针长针）；从*处重复2次，1针锁针，在下1针锁针上钩3针长针，1针锁针，用引拔针与起始的3针锁针最上面的1针连接，在下2针长针上钩引拔针，在边角处钩引拔针。剪断现用色线。

收尾

以你喜欢的方式将这些方块连在一起成4条长条形，长度和台布的四边边长相同。

饰边（分别给4条边钩边）

下一圈：在任一边角处接A色线，3针锁针，在边角上钩（2针长针，2针锁针，3针长针），*1针锁针，在下1针锁针上钩3针长针；从*处重复至整圈，每个边角上钩（3针长针，2针锁针，3针长针），用引拔针与起始的3针锁针最上面的1针连接，在下2针长针上钩引拔针，在边角处钩引拔针。剪断毛线。

藏好线头。展平。将4条饰边和台布四边对齐，用针线将其缝合。

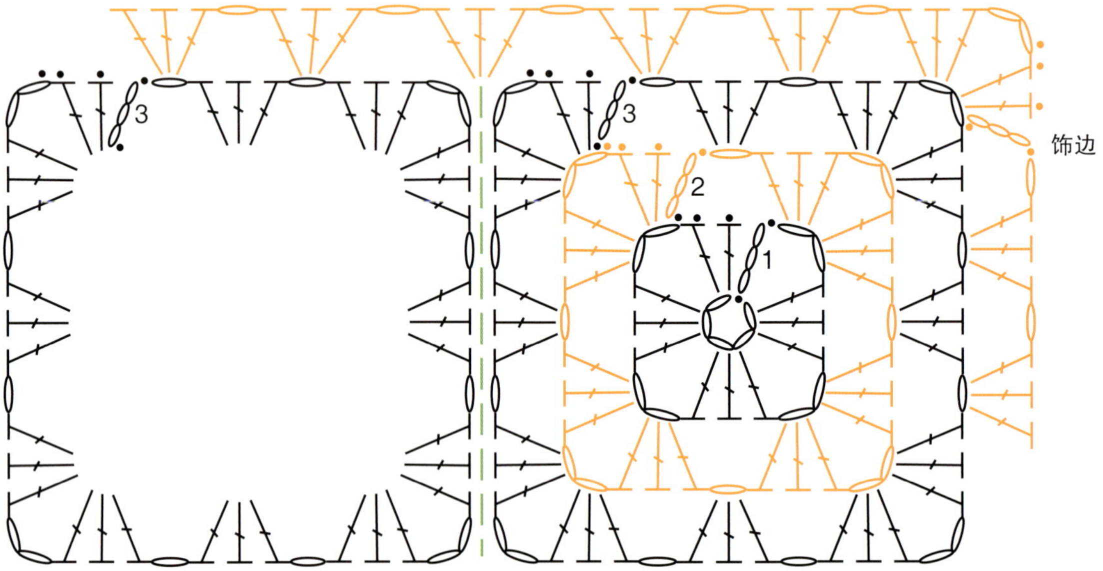

莎拉谈色彩

一块平淡无奇的棉布缀上一圈混色的祖母方格饰边后，马上就与众不同了。所以色彩很关键，颜色越多越好。这样你的台布才会在色彩的浸染下放出迷人的光芒。但是需要注意的是，这些热闹的色彩要靠一条与台布的颜色一致或相匹配的收边来与台布呼应。

完美餐垫

餐桌上使用餐垫能够在就餐时给餐桌表面多一层保护，尤其是家里有小孩子的家庭。这些餐垫既美观又实用，绝对是家居生活的完美点缀。按我们接下来教的钩织方法赶快动手织上一套吧，那个小巧的扇形饰边多么漂亮啊，你的家人肯定会喜欢的。

毛线

5卷精纺毛线，2卷A色线，B、C、D3种颜色各1卷

餐垫用的是C220毛线（100%秘鲁高地羊毛，3.5oz/100g，220ya/201m），#8686(A)号色，#8010(B)号色，#7804(C)号色和#8901(D)号色

钩针

美制尺寸G/6（直径4mm）

其他材料

毛线缝针

成品尺寸

约43cm×34.5cm

第1圈：使用A色线，20针锁针，在从钩针往回数的第4针锁针上钩（2针长针，2针锁针，3针长针，2针锁针，3针长针），*1针锁针，跳过3针锁针，在下1针锁针上钩3针长针**；重复*到**2次，1针锁针，跳过3针锁针，在下1针锁针上钩（3针长针，2针锁针，3针长针，2针锁针，3针长针），在20针锁针的另一侧，重复*到**3次，1针锁针，用引拔针与起始的3针锁针最上面的1针连接，在下2针长针上钩引拔针，在边角处钩引拔针。

第2圈：3针锁针，在边角上钩（2针长针，2针锁针，3针长针），1针锁针，在下2针锁针边角上钩（3针长针，2针锁针，3针长针），*1针锁针，在下1针锁针上钩3针长针**；重复*到**3次，1针锁针，在下2针锁针边角上钩（3针长针，2针锁针，3针长针），1针锁针，在下2针锁针边角上钩（3针长针，2针锁针，3针长针）；重复*到**4次，1针锁针，用引拔针与起始的3针锁针最上面的1针连接，在下2针长针上钩引拔针，在边角处钩引拔针。

第3圈：3针锁针，在边角上钩（2针长针，2针锁针，3针长针），1针锁针，在下1针锁针上钩3针长针，1针锁针，在下2针锁针边角上钩（3针长针，2针锁针，3针长针），*1针锁针，在下1针锁针上钩3针长针**；重复*到**4次，1针锁针，在下2针锁针边角上钩（3针长针，2针锁针，3针长针），1针锁针，在下1针锁针上钩3针长针，1针锁针，在下2针锁针边角上钩（3针长针，2针锁针，3针长针）；重复*到**5次，1针锁针，用引拔针与起始的3针锁针最上面的1针连接，在下2针长针上钩引拔针，在边角处钩引拔针。

第4圈：3针锁针，在边角上钩（2针长针，2针锁针，3针长针），[1针锁针，在下1针锁针上钩3针长针]2次，1针锁针，在下2针锁针边角上钩（3针长针，2针锁针，3针长针），*1针锁针，在下1针锁针上钩3针长针**；重复*到**5次，1针锁针，在下2针锁针边角上钩（3针长针，2针锁针，3针长针），[1针锁针，在下1针锁针上钩3针长针]2次，1针锁针，在下2针锁针边角上钩（3针长针，2针锁针，3针长针）；重复*到**6次，1针锁针，用引拔针与起始的3针锁针最上面的1针连接，在下2针长针上钩引拔针，在边角处钩引拔针。

第5圈：3针锁针，在边角上钩（2针长针，2针锁针，3针长针），[1针锁针，在下1针锁针上钩3针长针]3次，1针锁针，在下2针锁针边角上钩（3针长针，2针锁针，3针长针），*1针锁针，在下1针锁针上钩3针长针**；重复*到**6次，1针锁针，在下2针锁针边角上钩（3针长针，2针锁针，3针长针），[1针锁针，在下1针锁针上钩3针长针]3次，1针锁针，在下2针锁针边角上钩（3针长针，2针锁针，3针长针）；重复*到**7次，1针锁针，用引拔针与起始的3针锁针最上面的1针连接，在下2针长针上钩引拔针，在边角处钩引拔针。

第6圈：3针锁针，在边角上钩（2针长针，2针锁针，3针长针），[1针锁针，在下1针锁针上钩3针长针]4次，1针锁针，在下2针锁针边角上钩（3针长针，2针锁针，3针长针），*1针锁针，在下1针锁针上钩3针长针**；重复*到**7次，1针锁针，在下2针锁针边角上钩（3针长针，2针锁针，3针长针），[1针锁针，在下1针锁针上钩3针长针]4次，1针锁针，在下2针锁针边角上钩（3针长针，2针锁针，3针长针）；重复*到**8次，1针锁针，用引拔针与起始的3针锁针最上面的1针连接，在下2针长针上钩引拔针，在边角处钩引拔针。

第7圈：3针锁针，在边角上钩（2针长针，2针锁针，3针长针），[1针锁针，在下1针锁针上钩3针长针]5次，1针锁针，在下2针锁针边角上钩（3针长针，2针锁针，3针长针），*1针锁针，在下1针锁针上钩3针长针**；重复*到**8次，1针锁针，在下2针锁针边角上钩（3针长针，2针锁针，3针长针），[1针锁针，在下1针锁针上钩3针长针]5次，1针锁针，在下2针锁针边角上钩（3针长针，2针锁针，3针长针）；重复*到**9次，1针锁针，用引拔针与起始的3针锁针最上面的1针连接，在下2针长针上钩引拔针，在边角处钩引拔针。

第8圈：3针锁针，在边角上钩（2针长针，2针锁针，3针长针），[1针锁针，在下1针锁针上钩3针长针]6次，1针锁针，在下2针锁针边角上钩（3针长针，2针锁针，3针长针），*1针锁针，在下1针锁针上钩3针长针**；重复*到**9次，1针锁针，在下2针锁针边角上钩（3针长针，2针锁针，3针长针），[1针锁针，在下1针锁针上钩3针长针]6次，1针锁针，在下2针锁针边角上钩（3针长针，2针锁针，3针长针）；重复*到**10次，1针锁针，用引拔针与起始的3针锁针最上面的1针连接，在下2针长针上钩引拔针，在边角处钩引拔针。

第9圈：3针锁针，在边角上钩（2针长针，2针锁针，3针长针），[1针锁针，在下1针锁针上钩3针长针]7次，1针锁针，在下2针锁针边角上钩（3针长针，2针锁针，3针长针），*1针锁针，在下1针锁针上钩3针长针**；重复*到**10次，1针锁针，在下2针锁针边角上钩（3针长针，2

针锁针，3针长针），[1针锁针，在下1针锁针上钩3针长针]7次，1针锁针，在下2针锁针边角上钩（3针长针，2针锁针，3针长针）；重复*到**11次，1针锁针，用引拔针与起始的3针锁针最上面的1针连接，在下2针长针上钩引拔针，在边角处钩引拔针。

第10圈：3针锁针，在边角上钩（2针长针，2针锁针，3针长针），[1针锁针，在下1针锁针上钩3针长针]8次，1针锁针，在下2针锁针边角上钩（3针长针，2针锁针，3针长针），*1针锁针，在下1针锁针上钩3针长针**；重复*到**11次，1针锁针，在下2针锁针边角上钩（3针长针，2针锁针，3针长针），[1针锁针，在下1针锁针上钩3针长针]8次，1针锁针，在下2针锁针边角上钩（3针长针，2针锁针，3针长针）；重复*到**12次，1针锁针，用引拔针与起始的3针锁针最上面的1针连接，在下2针长针上钩引拔针，在边角处钩引拔针。

第11圈：3针锁针，在边角上钩（2针长针，2针锁针，3针长针），[1针锁针，在下1针锁针上钩3针长针]9次，1针锁针，在下2针锁针边角上钩（3针长针，2针锁针，3针长针），*1针锁针，在下1针锁针上钩3针长针**；重复*到**12次，1针锁针，在下2针锁针边角上钩（3针长针，2针锁针，3针长针），[1针锁针，在下1针锁针上钩3针长针]9次，1针锁针，在下2针锁针边角上钩（3针长针，2针锁针，3针长针）；重复*到**13次，1针锁针，用引拔针与起始的3针锁针最上面的1针连接，在下2针长针上钩引拔针，在边角处钩引拔针。剪断A色线。

第12圈：在任一短边右端的2针锁针边角处接B色线，3针锁针，在边角上钩（2针长针，2针锁针，3针长针），[1针锁针，在下1针锁针上钩3针长针]10次，1针锁针，在下2针锁针边角上钩（3针长针，2针锁针，3针长针），*1针锁针，在下1针锁针上钩3针长针**；重复*到**13次，1针锁针，在下2针锁针边角上钩（3针长针，2针锁针，3针长针），[1针锁针，在下1针锁针上钩3针长针]10次，1针锁针，在下2针锁针边角上钩（3针长针，2针锁针，3针长针）；重复*到**14次，1针锁针，用引拔针与起始的3针锁针最上面的1针连接，在下2针长针上钩引拔针，在边角处钩引拔针。

第13圈：3针锁针，在边角上钩（2针长针，2针锁针，3针长针），[1针锁针，在下1针锁针上钩3针长针]11次，1针锁针，在下2针锁针边角上钩（3针长针，2针锁针，3针长针），*1针锁针，在下1针锁针上钩3针长针**；重复*到**14次，1针锁针，在下2针锁针边角上钩（3针长针，2针锁针，3针长针），[1针锁针，在下1针锁针上钩3针长针]11次，1针锁针，在下2针锁针边角上钩（3针长针，2针锁针，3针长针）；重复*到**15次，1针锁针，用引拔针与起始的3针锁针最上面的1针连接，在下2针长针上钩引拔针，在边角处钩引拔针。剪断B色线。

第14圈：在任一短边右端的2针锁针边角处接C色线，3针锁针，在边角上钩（2针长针，2针锁针，3针长针），[1针锁针，在下1针锁针上钩3针长针]12次，1针锁针，在下2针锁针边角上钩（3针长针，2针锁针，3针长针），*1针锁针，在下1针锁针上钩3针长针**；重复*到**15次，1针锁针，在下2针锁针边角上钩（3针长针，2针锁针，3针长针），[1针锁针，在下1针锁针上钩3针长针]12次，1针锁针，在下2针锁针边角上钩（3针长针，2针锁针，3针长针）；重复*到**16次，1针锁针，用引拔针与起始的3针锁针最上面的1针连接，在下2针长针上钩引拔针，在边角处钩引拔针。

第15圈：3针锁针，在边角上钩（2针长针，2针锁针，3针长针），[1针锁针，在下1针锁针上钩3针长针]13次，1针锁针，在下2针锁针边角上钩（3针长针，2针锁针，3针长针），*1针锁针，在下1针锁针上钩3针长针**；重复*到**16次，1针锁针，在下2针锁针边角上钩（3针长针，2针锁针，3针长针），[1针锁针，在下1针锁针上钩3针长针]13次，1针锁针，在下2针锁针边角上钩（3针长针，2针锁针，3针长针）；重复*到**17次，1针锁针，用引拔针与起始的3针锁针最上面的1针连接，在下2针长针上钩引拔针，在边角处钩引拔针。

第16圈：3针锁针，在边角上钩（2针长针，2针锁针，3针长针），[1针锁针，在下1针锁针上钩3针长针]14次，1针锁针，在下2针锁针边角上钩（3针长针，2针锁针，3针长针），*1针锁针，在下1针锁针上钩3针长针**；重复*到**17次，1针锁针，在下2针锁针边角上钩（3针长针，2针锁针，3针长针），[1针锁针，在下1针锁针上钩3针长针]14次，1针锁针，在下2针锁针边角上钩（3针长针，2针锁针，3针长针）；重复*到**18次，1针锁针，用引拔针与起始的3针锁针最上面的1针连接，在下2针长针上钩引拔针，在边角处钩引拔针。剪断C色线。

莎拉谈色彩

将巧克力色、乳白色、粉红色和紫色结合起来钩织一套餐垫，颜色相当漂亮。但是每块餐垫的中心都需要使用同样的颜色，在边上花些心思，做出不同的色块就行了。黑巧克力色和很多餐具都很搭配。

收尾

饰边

下一圈：在任一长边右端的2针锁针边角处接D色线，1针锁针，在边角上钩（1针短针，1针锁针，3针长针，1针锁针，1针短针），*在下1针锁针上钩（1针短针，1针锁针，2针长针，1针锁针，1针短针）**，重复*到**18次，在下2针锁针边角上钩（1针短针，1针锁针，3针长针，1针锁针，1针短针）；重复*到**15次，在下2针锁针边角上钩（1针短针，1针锁针，3针长针，1针锁针，1针短针），重复*到**19次，在下2针锁针边角上钩（1针短针，1针锁针，3针长针，1针锁针，1针短针），重复*到**15次，用引拔针与第1针短针连接。剪断毛线。

藏好线头。抻展。

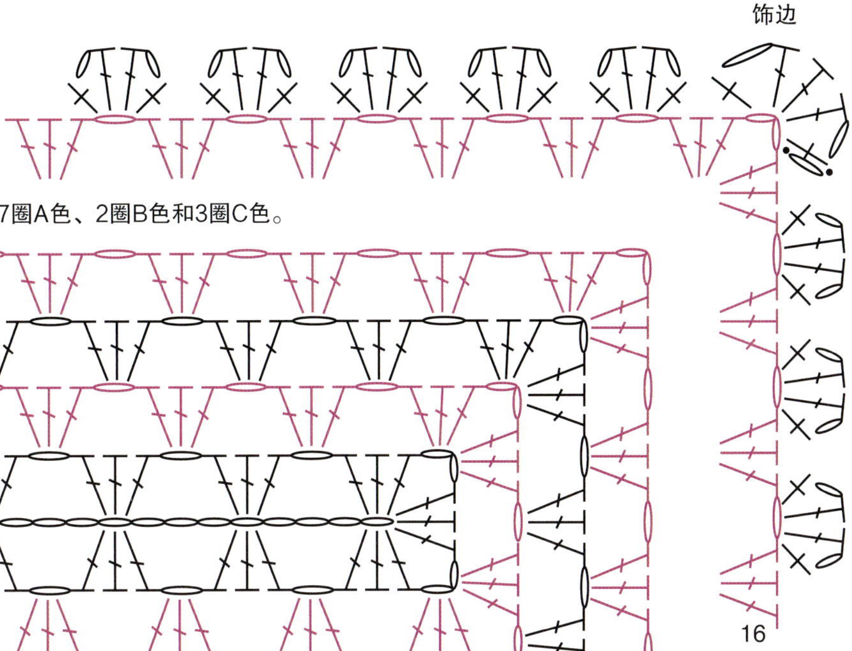

按此钩织方法继续至第16圈，颜色依次为7圈A色、2圈B色和3圈C色。

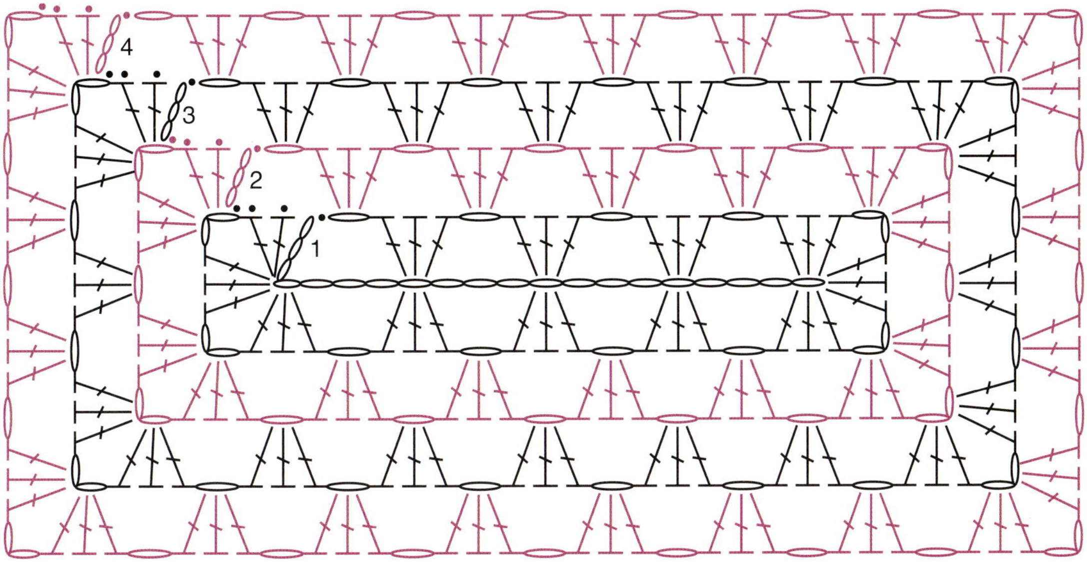

小巧餐巾盒

下次再有聚会时试试用这款简单的餐巾盒来装点你的餐桌吧，很不错的。它不仅能保持餐巾的整洁卫生，还可以起到装饰作用，给你的餐桌增添些许特殊的味道。尽量保证餐巾盒与桌布或者餐垫的颜色协调，这样装饰出来的餐桌才会更温馨漂亮。

毛线

3卷精纺毛线，A、B、C3种颜色各1卷

餐巾盒用的是C220毛线（100%秘鲁高地羊毛，3.5oz/100g，220ya/201m），#8010(A)号色，#7804(B)号色和#8901(C)号色

钩针

美制尺寸G/6（直径4mm）

其他材料

毛线缝针

成品尺寸

约7cm×7cm

方块

每个餐巾盒需要2个方块

使用A色线，5针锁针，用引拔针锁成一个圆环。

第1圈：3针锁针，在圆环上钩2针长针，*2针锁针，在圆环上钩3针长针；从*处重复2次，2针锁针，用引拔针与起始的3针锁针最上面的1针连接，在下2针长针上钩引拔针，在边角处钩引拔针。剪断A色线。

第2圈：在任一2针锁针边角处接B色线，3针锁针，在边角上钩（2针长针，2针锁针，3针长针），*1针锁针，在下2针锁针边角上钩（3针长针，2针锁针，3针长针）；从*处重复2次，1针锁针，用引拔针与起始的3针锁针最上面的1针连接，在下2针长针上钩引拔针，在边角处钩引拔针。剪断B色线。

第3圈：在任一2针锁针边角处接C色线，3针锁针，在边角上钩（2针长针，2针锁针，3针长针），*1针锁针，在下1针锁针上钩3针长针，1针锁针，在下2针锁针边角上钩（3针长针，2针锁针，3针长针）；从*处重复2次，1针锁针，在下1针锁针上钩3针长针，1针锁针，用引拔针与起始的3针锁针最上面的1针连接，在下2针长针上钩引拔针，在边角处钩引拔针。剪断C色线。

收尾

把2个正方块反面相对，对齐四边。将两个对角锁缝，做成餐巾收纳包的式样。藏好线头，抻平就可以了。

VEGEMITE

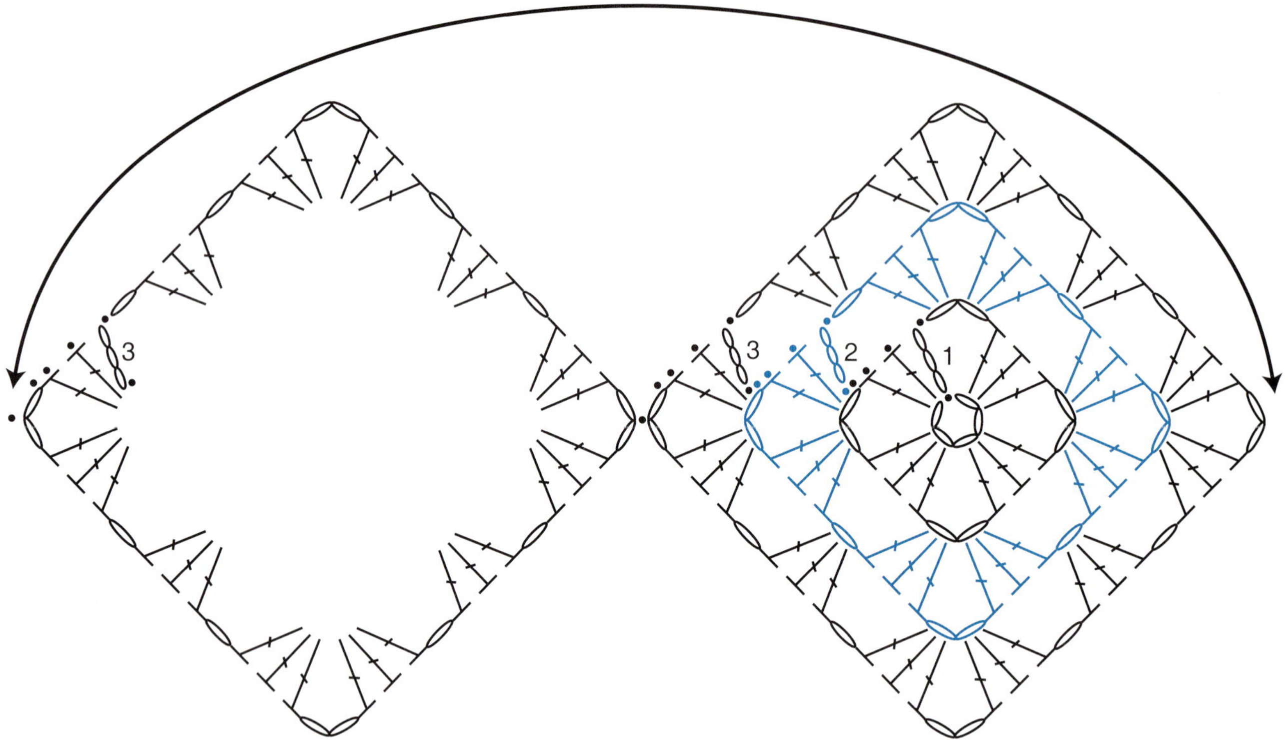

莎拉谈色彩

为了整个餐桌搭配效果的统一，我选用了和75页上所展示的餐垫外边相同颜色的毛线。不管是单色的还是带有图案的，或是复古印刷样式的餐巾都很适合这款餐巾盒，能给整个餐桌增添一股活力。

可爱水壶套

我始终觉得每一把水壶都需要配上一个漂亮的钩织壶套。这样的水壶放在餐桌上才叫赏心悦目，还能保温，实用性和观赏性皆备。不过最好使用全毛的毛线钩织，这样隔热，倒热水时不会烫手。

毛线

4卷精纺毛线，A、B、C、D 4种颜色各1卷

水壶套用的是C220毛线（100%秘鲁高地羊毛，3.5oz/100g，220ya/201m），#8415(A)号色，#7804(B)号色，#9493(C)号色和#8901(D)号色

钩针

美制尺寸G/6（直径4mm）

其他材料

丝带

毛线缝针

成品尺寸

约19cm×21cm

方块

8个

使用A色线，5针锁针，用引拔针锁成一个圆环。

第1圈：3针锁针，在圆环上钩2针长针，*2针锁针，在圆环上钩3针长针；从*处重复2次，2针锁针，用引拔针与起始的3针锁针最上面的1针连接，在下2针长针上钩引拔针，在边角处钩引拔针。剪断A色线。

第2圈：在任一2针锁针边角处接B色线，3针锁针，在边角上钩（2针长针，2针锁针，3针长针），*1针锁针，在下2针锁针边角上钩（3针长针，2针锁针，3针长针）；从*处重复2次，1针锁针，用引拔针与起始的3针锁针最上面的1针连接，在下2针长针上钩引拔针，在边角处钩引拔针。剪断B色线。

第3圈：在任一2针锁针边角处接C色线，3针锁针，在边角上钩（2针长针，2针锁针，3针长针），*1针锁针，在下1针锁针上钩3针长针，1针锁针，在下2针锁针边角上钩（3针长针，2针锁针，3针长针）；从*处重复2次，1针锁针，在下1针锁针上钩3针长针，1针锁针，用引拔针与起始的3针锁针最上面的1针连接，在下2针长针上钩引拔针，在边角处钩引拔针。剪断C色线。

第4圈：在任一2针锁针边角处接D色线，3针锁针，在边角上钩（2针长针，2针锁针，3针长针），*1针锁针，[在下1针锁针上钩3针长针，1针锁针]2次，在下2针锁针边角上钩（3针长针，2针锁针，3针长针）；从*处重复2次，1针锁针，[在下1针锁针上钩3针长针，1针锁针]2次，用引拔针与起始的3针锁针最上面的1针连接，在下2针长针上钩引拔针，在边角处钩引拔针。剪断D色线。

收尾

按自己喜欢的方式把方块2个一行共两行缝在一起，组成水壶套的前面部分，将剩下的4个按同样的方式缝起来组成水壶套的后面部分。

饰边（分别钩织前面、后面两个部分）

下一圈：在任一2针锁针边角处接D色线，1针锁针，在边角上钩2针短针，在下面的每1针上钩1针短针，钩至整圈，在出现边角的地方，在边角上钩3针短针，最后用引拔针与第1针短针连接。剪断D色线。

把拼好的前后两部分正面朝上，并排放在一起，用引拔针把2条侧边连起来，留出壶柄和壶嘴的开口，顶部和底部不用缝。

给底部钩织饰边

第1圈：在任意1针上接A色线，在整圈的每1针上钩1针短针。剪断A色线。

第2圈：在任意1针上接B色线，在整圈的每1针上钩1针短针。剪断B色线。

给顶部钩织饰边

第1圈：在任一与下面一行上的1针锁针相对应的短针处接A色线，3针锁针，在同1针短针上钩2针长针，*1针锁针，跳过3针短针，在下1针短针上钩3针长针；从*处重复至整圈，1针锁针，跳过3针短针，用引拔针与起始的3针锁针最上面的1针连接。剪断A色线。

第2圈：在任1针锁针处接D色线，1针锁针，在同1针锁针上钩（1针短针，1针锁针，2针长针，1针锁针，1针短针），*在下1针锁针上钩（1针短针，1针锁针，2针长针，1针锁针，1针短针）；从*处重复至整圈，用引拔针和第1针短针连在一起。剪断D色线。

藏好线头。抻展织物。在最上面的一圈边上穿上丝带，收拢开口，打上蝴蝶结，即完成。

莎拉谈色彩

这个水壶套所用的祖母方格中心选的是深紫红色，四周采用粉红色和淡粉色，色彩的层次感很强，并且这些色彩和餐垫及餐巾盒的颜色呼应，在餐桌上一起使用时自成一套，相映成趣。

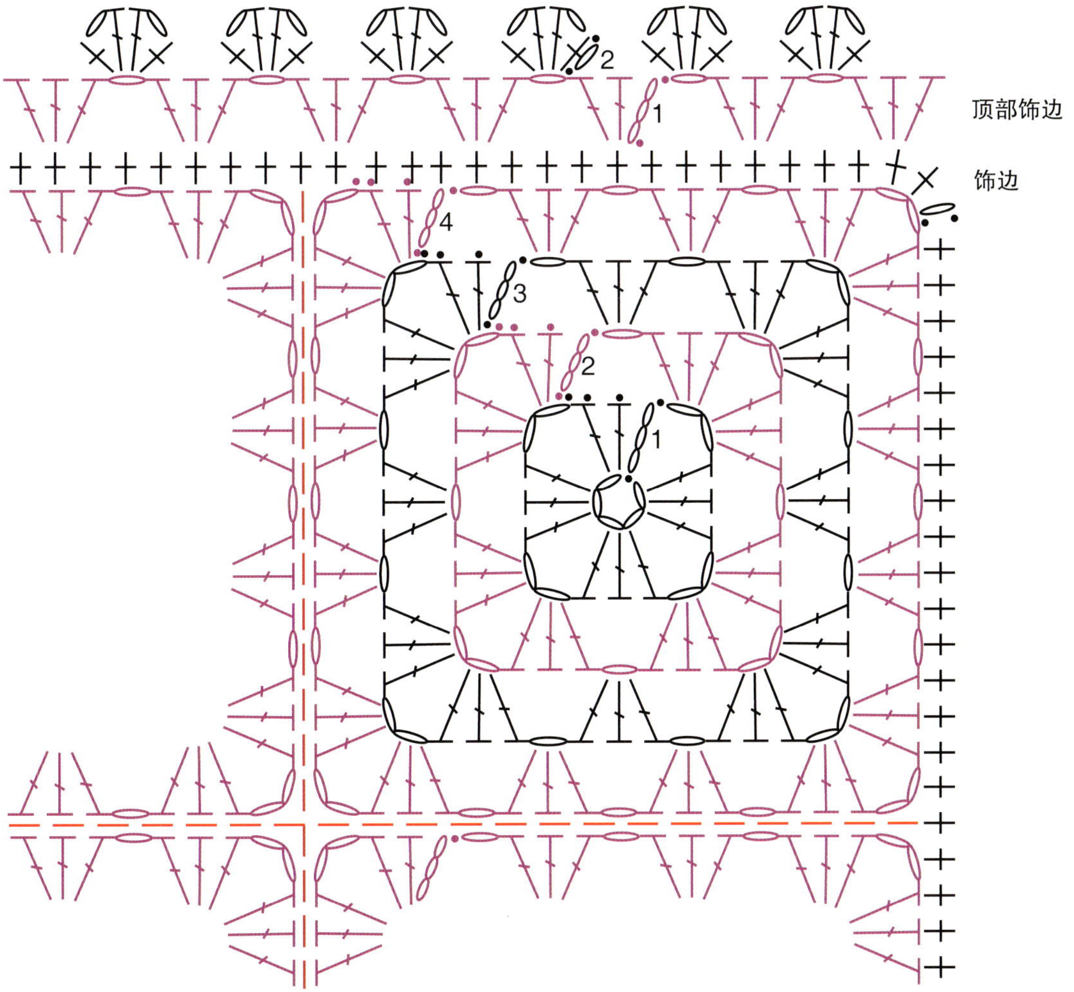

2
1
顶部饰边
饰边
4
3
2
1

轻盈装饰花片

每逢节日，五颜六色的花片都会增添浓郁的节日气氛。简单钩织的各色花片仿佛就是“一起庆贺吧”的代名词。以前用剩下的各色线头刚好可以用来钩织大大小小、红红绿绿的花片，把它们串成串挂起来，下一次聚会肯定会更有气氛的。

毛线

8卷精纺毛线，A、B、C、D、E、F、G和H8种颜色各1卷

圆片用的是C220毛线（100%秘鲁高地羊毛，3.5oz/100g，220ya/201m），#9496(A)号色，#9076(B)号色，#8509(C)号色，#9470(D)号色，#9469(E)号色，#7804(F)号色，#8905(G)号色和#7826(H)号色

钩针

美制尺寸G/6（直径4mm）

其他材料

毛线缝针
透明单丝线
缝纫机

成品尺寸

长3m，或任何需要的长度

用你喜欢的任意颜色钩织一组小号、中号和大号的圆片。

小号圆片

第1圈：4针锁针，在从钩针往回数的第4针锁针上钩11针长针，用引拔针与起始的3针锁针最上面的1针连接。剪断毛线。

中号圆片

第1圈：4针锁针，在从钩针往回数的第4针锁针上钩11针长针，用引拔针与起始的3针锁针最上面的1针连接。

第2圈：3针锁针，在同一位置上钩1针长针，在每1针长针上钩2针长针至整圈，用引拔针与起始的3针锁针最上面的1针连接。剪断毛线。

大号圆片

第1圈：4针锁针，在从钩针往回数的第4针锁针上钩11针长针，用引拔针与起始的3针锁针最上面的1针连接。

第2圈：3针锁针，在同一位置上钩1针长针，在每1针长针上钩2针长针至整圈，用引拔针与起始的3针锁针最上面的1针连接。

第3圈：3针锁针，在下1针长针上钩2针长针，*在下1针长针上钩1针长针，再在接下来的1针长针上钩2针长针；从*处重复至整圈，用引拔针与起始的3针锁针最上面的1针连接。剪断毛线。

收尾

藏好线头，抻展圆片。给缝纫机穿好单丝线。按照自己的喜好，排列大、中、小号各色圆片，从圆片中间走针，把它们一个接一个地串成串。

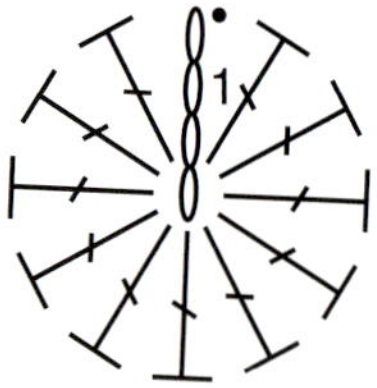

小号圆片

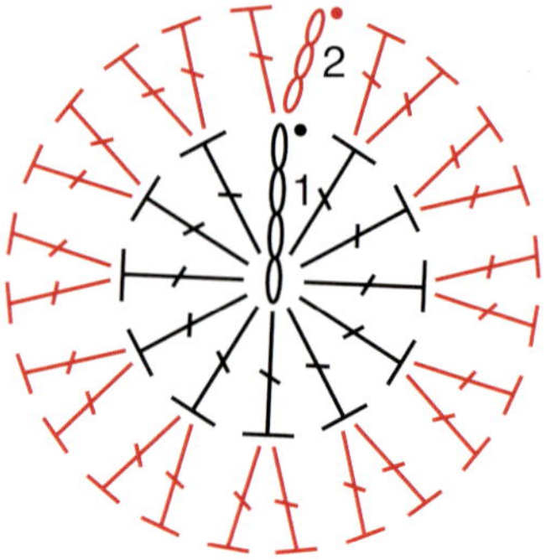

中号圆片

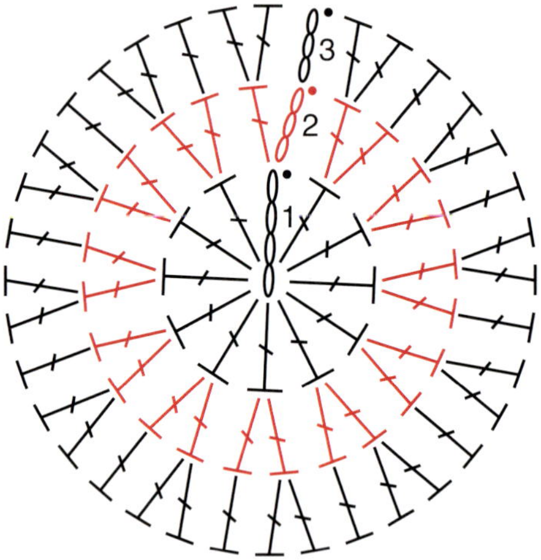

大号圆片

莎拉谈色彩

将不同颜色的圆片串成一串就是为聚会装饰而做的漂亮花片了。在各种亮色中间插入星星点点的灰色，颜色却显得非常和谐统一。花片代表着热闹，能给任何庆贺场合增添活力，而且色彩越多效果越强烈。

第五章

卧室

为自己钩织一些卧室用品，不管物件大小，用祖母方格给自己打造一方舒适的小天地。我们先从床头罩入手，这是一个极具创新性的作品，用白色帆布做底布，然后把一组祖母方格固定其上，效果特别好。接下来可以着手改造床单，一圈普通的祖母方格花边可以把一套简单的床单变得与众不同，给整床寝具都增添了不一样的味道。

在冬夜如果没有一床舒适保暖的毯子，卧室就称不上完整。这床简单的祖母方格睡毯包含了多种颜色，可以使你感觉到融融暖意。如果一床睡毯尚不能满足你的保暖需求，那再试试下面这件好东西吧。天气越来越冷时，我就会抱上一个热水袋，虽然老式，可是的确暖意融融啊。给热水袋罩上个漂亮的外套后，热水袋不仅更漂亮而且更加舒适有手感。

最后这件作品，你可能想多做几个，谁不想自己的床上堆上几个靠垫啊！但是如果房间里色彩太多的话，你一定希望能够适当地将其淡化一些。那么这种简单的钩织靠垫就是上佳的选择，极有存在感又不影响整体感觉。就像我在112页展示的这个经典黑白对比色靠枕一样。其实任何两种对比色都会营造出同样震撼的感觉的；最好从窗帘颜色中选取一种颜色来营造整体色彩的统一性。

魅力床头罩

一件用祖母方格钩织成的床头罩放在任何一间卧室都是一幅动人的图画。将钩好的祖母方格组合在一起，然后罩在白色帆布罩上，这就是本章中展示的床头罩。它充满了奇特、非凡和与众不同的味道。钩好的作品用粘扣带很容易地就能固定在白色帆布罩上，为的是日后拆取方便。

毛线

6卷精纺毛线，2卷A色毛线，3卷B色毛线，1卷C色毛线

床头罩用的是C220毛线（100%秘鲁高地羊毛，3.5oz/100g，220ya/201m），#7808(A)号色，#9493(B)号色和#8021(C)号色

钩针

美制尺寸H/8（直径5mm）

其他材料

尺寸为76cm×101.5cm的白色帆布罩
粘扣带
毛线缝针

成品尺寸

约76cm × 101.5cm

方块

20个

使用A色线，5针锁针，用引拔针锁成一个圆环。

第1圈：3针锁针，在圆环上钩2针长针，*2针锁针，在圆环上钩3针长针；从*处重复2次，2针锁针，用引拔针与起始的3针锁针最上面的1针连接，在下2针长针上钩引拔针，在边角处钩引拔针。

第2圈：3针锁针，在边角上钩（2针长针，2针锁针，3针长针），*1针锁针，在下2针锁针边角上钩（3针长针，2针锁针，3针长针）；从*处重复2次，1针锁针，用引拔针与起始的3针锁针最上面的1针连接，在下2针长针上钩引拔针，在边角处钩引拔针。

第3圈：3针锁针，在边角上钩（2针长针，2针锁针，3针长针），*1针锁针，在下1针锁针上钩3针长针，1针锁针，在下2针锁针边角上钩（3针长针，2针锁针，3针长针）；从*处重复2次，1针锁针，在下1针锁针上钩3针长针，1针锁针，用引拔针与起始的3针锁针最上面的1针连接，在下2针长针上钩引拔针，在边角处钩引拔针。

第4圈：3针锁针，在边角上钩（2针长针，2针锁针，3针长针），*1针锁针，[在下1针锁针上钩3针长针，1针锁针]2次，在下2针锁针边角上钩（3针长针，2针锁针，3针长针）；从*处重复2次，1针锁针，[在下1针锁针上钩3针长针，1针锁针]2次，用引拔针与起始的3针锁针最上面的1针连接，在下2针长针上钩引拔针，在边角处钩引拔针。剪断A色线。

第5圈：在任一2针锁针边角处接B色线，3针锁针，在边角上钩（2针长针，2针锁针，3针长针），*1针锁针，[在下1针锁针上钩3针长针，1针锁针]3次，在下2针锁针边角上钩（3针长针，2针锁针，3针长针）；从*处重复2次，1针锁针，[在下1针锁针上钩3针长针，1针锁针]3次，用引拔针与起始的3针锁针最上面的1针连接，在下2针长针上钩引拔针，在边角处钩引拔针。剪断B色线。

第6圈：在任一2针锁针边角处接C色线，3针锁针，在边角上钩（2针长针，2针锁针，3针长针），*1针锁针，[在下1针锁针上钩3针长针，1针锁针]4次，在下2针锁针边角上钩（3针长针，2针锁针，3针长针）；从*处重复2次，1针锁针，[在下1针锁针上钩3针长针，1针锁针]4次，用引拔针与起始的3针锁针最上面的1针连接，在下2针长针上钩引拔针，在边角处钩引拔针。剪断C色线。

第7圈：在任一2针锁针边角处接B色线，3针锁针，在边角上钩（2针长针，2针锁针，3针长针），*1针锁针，[在下1针锁针上钩3针长针，1针锁针]5次，在下2针锁针边角上钩（3针长针，2针锁针，3针长针）；从*处重复2次，1针锁针，[在下1针锁针上钩3针长针，1针锁针]5次，用引拔针与起始的3针锁针最上面的1针连接，在下2针长针上钩引拔针，在边角处钩引拔针。剪断B色线。

收尾

将钩织好的方块按自己喜好的方式5个一行排列成4行，缝制起来。

饰边

在任一2针锁针边角处接B色线，按照祖母方格的钩织方法钩3圈。剪断毛线。

藏好线头，抻平。用最后一圈边把白色帆布罩的边包起来，并且用粘扣带固定好。

莎拉谈色彩

这件床头罩采用了大气的紫色配小清新的杏色和淡褐色，营造出一种动人而又恰到好处的色泽。紫色是每个方块的中心，给视觉以冲击力，杏色打底，包裹着用来钩边的淡褐色，最佳搭配出了老式的复古图案，给人以独特的视觉效果。

饰边

清新床单饰边

用传统的祖母方格给一条平常的床单钩织花边，会让你在寒冷的冬夜觉得你的床单刹那变得既漂亮又温暖。去旧货商店淘一条老式复古的床单来，加上床单饰边后你就会看到祖母方格的神奇作用了，普通的床单马上拥有了流光溢彩的色泽和图案。

毛线

4卷精纺毛线，A、B、C、D4种颜色各1卷

床单饰边用的是C220毛线（100%秘鲁高地羊毛，3.5oz/100g，220ya/201m），#8912(A)号色，#9477(B)号色，#4192(C)号色和#9496(D)号色

钩针

美制尺寸G/6（直径4mm）

其他材料

旧床单
毛线缝针
缝衣针
透明单丝线

成品尺寸

约9cm×178cm，或者任何需要的长度

方块

20个（或者适合床单尺寸所需要的数量）

使用A色线，5针锁针，用引拔针锁成一个圆环。

第1圈：3针锁针，在圆环上钩2针长针，*2针锁针，在圆环上钩3针长针；从*处重复2次，2针锁针，用引拔针与起始的3针锁针最上面的1针连接，在下2针长针上钩引拔针，在边角处钩引拔针。剪断A色线。

第2圈：在任一2针锁针边角处接B色线，3针锁针，在边角上钩（2针长针，2针锁针，3针长针），*1针锁针，在下2针锁针边角上钩（3针长针，2针锁针，3针长针）；从*处重复2次，1针锁针，用引拔针与起始的3针锁针最上面的1针连接，在下2针长针上钩引拔针，在边角处钩引拔针。剪断B色线。

第3圈：在任一2针锁针边角处接C色线，3针锁针，在边角上钩（2针长针，2针锁针，3针长针），*1针锁针，在下1针锁针上钩3针长针，1针锁针，在下2针锁针边角上钩（3针长针，2针锁针，3针长针）；从*处重复2次，1针锁针，在下1针锁针上钩3针长针，1针锁针，用引拔针与起始的3针锁针最上面的1针连接，在下2针长针上钩引拔针，在边角处钩引拔针。剪断C色线。

第4圈：在任一2针锁针边角处接D色线，3针锁针，在边角上钩（2针长针，2针锁针，3针长针），*1针锁针，[在下1针锁针上钩3针长针，1针锁针]2次，在下2针锁针边角上钩（3针长针，2针锁针，3针长针）；从*处重复2次，1针锁针，[在下1针锁针上钩3针长针，1针锁针]2次，用引拔针与起始的3针锁针最上面的1针连接，在下2针长针上钩引拔针，在边角处钩引拔针。剪断D色线。

收尾

按个人喜好将方块组合成条状。藏好线头，抻平。用缝衣针和单丝线将其缝在床单的底边上。

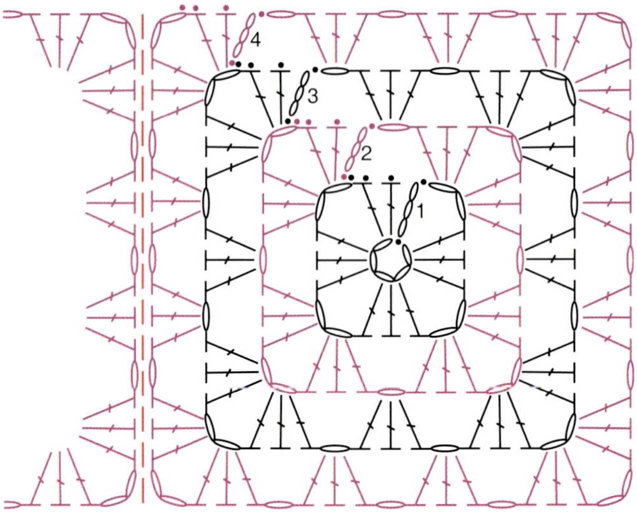

莎拉谈色彩

柠檬黄色配上淡紫色，再加上粉红色和紫色给床单增添了清淡雅致的色泽，柔和的色彩为卧室增添了无尽的祥和与宁静。所以，普普通通的床单加上色彩柔和的饰边后，马上变得温暖而且令人感到安定平和。

温暖睡毯

在每年偏冷的那几个月，用上一条色彩丰富、质地温暖上好的纯羊毛祖母方格睡毯，那会是多么的惬意啊。单色的方块配上几圈颜色各异的饰边使卧室显得春意盎然。如果你的床很大，那就多钩织一些祖母方格，这样不管床再大也都不用担心睡毯的尺寸问题了。

毛线

各种颜色的精纺毛线各少许，每个方块需要准备A、B、C 3种颜色毛线，每个方块所需毛线长约203m

2卷D色精纺毛线专门用来给方块钩织饰边

1卷E色精纺毛线专门用来给毯子钩织饰边

睡毯用的是C220毛线（100%秘鲁高地羊毛，3.5oz/100g，220ya/201m）。方块饰边用的是#9541(D)色线，毯子饰边用的是#7830(E)色线。整体颜色使用详情请参照107页的颜色列表

钩针

美制尺寸H/8（直径5mm）

其他材料

毛线缝针

成品尺寸

约117cm×155cm，或视各人所需而定

方块

12个（或所需要的数量）

使用A色线，5针锁针，用引拔针锁成一个圆环。

第1圈：3针锁针，在圆环上钩2针长针，*2针锁针，在圆环上钩3针长针；从*处重复2次，2针锁针，用引拔针与起始的3针锁针最上面的1针连接，在下2针长针上钩引拔针，在边角处钩引拔针。

第2圈：3针锁针，在边角上钩（2针长针，2针锁针，3针长针），*1针锁针，在下2针锁针边角上钩（3针长针，2针锁针，3针长针）；从*处重复2次，1针锁针，用引拔针与起始的3针锁针最上面的1针连接，在下2针长针上钩引拔针，在边角处钩引拔针。

第3圈：3针锁针，在边角上钩（2针长针，2针锁针，3针长针），*1针锁针，在下1针锁针上钩3针长针，1针锁针，在下2针锁针边角上钩（3针长针，2针锁针，3针长针）；从*处重复2次，1针锁针，在下1针锁针上钩3针长针，1针锁针，用引拔针与起始的3针锁针最上面的1针连接，在下2针长针上钩引拔针，在边角处钩引拔针。

第4圈：3针锁针，在边角上钩（2针长针，2针锁针，3针长针），*1针锁针，[在下1针锁针上钩3针长针，1针锁针]2次，在下2针锁针边角上钩（3针长针，2针锁针，3针长针）；从*处重复2次，1针锁针，[在下1针锁针上钩3针长针，1针锁针]2次，用引拔针与起始的3针锁针最上面的1针连接，在下2针长针上钩引拔针，在边角处钩引拔针。

第5圈：3针锁针，在边角上钩（2针长针，2针锁针，3针长针），*1针锁针，[在下1针锁针上钩3针长针，1针锁针]3次，在下2针锁针边角上钩（3针长针，2针锁针，3针长针）；从*处重复2次，1针锁针，[在下1针锁针上钩3针长针，1针锁针]3次，用引拔针与起始的3针锁针最上面的1针连接，在下2针长针上钩引拔针，在边角处钩引拔针。

第6圈：3针锁针，在边角上钩（2针长针，2针锁针，3针长针），*1针锁针，[在下1针锁针上钩3针长针，1针锁针]4次，在下2针锁针边角上钩（3针长针，2针锁针，3针长针）；从*处重复2次，1针锁针，[在下1针锁针上钩3针长针，1针锁针]4次，用引拔针与起始的3针锁针最上面的1针连接，在下2针长针上钩引拔针，在边角处钩引拔针。

第7圈：3针锁针，在边角上钩（2针长针，2针锁针，3针长针），*1针锁针，[在下1针锁针上钩3针长针，1针锁针]5次，在下2针锁针边角上钩（3针长针，2针锁针，3针长针）；从*处重复2次，1针锁针，[在下1针锁针上钩3针长针，1针锁针]5次，用引拔针与起始的3针锁针最上面的1针连接，在下2针长针上钩引拔针，在边角处钩引拔针。

第8圈：3针锁针，在边角上钩（2针长针，2针锁针，3针长针），*1针锁针，[在下1针锁针上钩3针长针，1针锁针]6次，在下2针锁针边角上钩（3针长针，2针锁针，3针长针）；从*处重复2次，1针锁针，[在下1针锁针上钩3针长针，1针锁针]6次，用引拔针与起始的3针锁针最上面的1针连接，在下2针长针上钩引拔针，在边角处钩引拔针。

第9圈：3针锁针，在边角上钩（2针长针，2针锁针，3针长针），*1针锁针，[在1针锁针上钩3针长针，1针锁针]7次，在下2针锁针边角上钩（3针长针，2针锁针，3针长针）；从*处重复2次，1针锁针，[在下1针锁针上钩3针长针，1针锁针]7次，用引拔针与起始的3针锁针最上面的1针连接，在下2针长针上钩引拔针，在边角处钩引拔针。

第10圈：3针锁针，在边角上钩（2针长针，2针锁针，3针长针），*1针锁针，[在下1针锁针上钩3针长针，1针锁针]8次，在下2针锁针边角上钩（3针长针，2针锁针，3针长针）；从*处重复2次，1针锁针，[在下1针锁针上钩3针长针，1针锁针]8次，用引拔针与起始的3针锁针最上面的1针连接，在下2针长针上钩引拔针，在边角处钩引拔针。

第11圈：3针锁针，在边角上钩（2针长针，2针锁针，3针长针），*1针锁针，[在下1针锁针上钩3针长针，1针锁针]9次，在下2针锁针边角上钩（3针长针，2针锁针，3针长针）；从*处重复2次，1针锁针，[在下1针锁针上钩3针长针，1针锁针]9次，用引拔针与起始的3针锁针最上面的1针连接，在下2针长针上钩引拔针，在边角处钩引拔针。剪断A色线。

第12圈：在任一2针锁针边角处接B色线，3针锁针，在边角上钩（2针长针，2针锁针，3针长针），*1针锁针，[在下1针锁针上钩3针长针，1针锁针]10次，在下2针锁针边角上钩（3针长针，2针锁针，3针长针）；从*处重复2次，1针锁针，[在下1针锁针上钩3针长针，1针锁针]10次，用引拔针与起始的3针锁针最上面的1针连

接，在下2针长针上钩引拔针，在边角处钩引拔针。

第13圈：3针锁针，在边角上钩（2针长针，2针锁针，3针长针），*1针锁针，[在下1针锁针上钩3针长针，1针锁针]11次，在下2针锁针边角上钩（3针长针，2针锁针，3针长针）；从*处重复2次，1针锁针，[在下1针锁针上钩3针长针，1针锁针]11次，用引拔针与起始的3针锁针最上面的1针连接，在下2针长针上钩引拔针，在边角处钩引拔针。

第14圈：3针锁针，在边角上钩（2针长针，2针锁针，3针长针），*1针锁针，[在下1针锁针上钩3针长针，1针锁针]12次，在下2针锁针边角上钩（3针长针，2针锁针，3针长针）；从*处重复2次，1针锁针，[在下1针锁针上钩3针长针，1针锁针]12次，用引拔针与起始的3针锁针最上面的1针连接，在下2针长针上钩引拔针，在边角处钩引拔针。剪断B色线。

第15圈：在任一2针锁针边角处接C色线，3针锁针，在边角上钩（2针长针，2针锁针，3针长针），*1针锁针，[在下1针锁针上钩3针长针，1针锁针]13次，在下2针锁针边角上钩（3针长针，2针锁针，3针长针）；从*处重复2次，1针锁针，[在下1针锁针上钩3针长针，1针锁针]13次，用引拔针与起始的3针锁针最上面的1针连接，在下2针长针上钩引拔针，在边角处钩引拔针。剪断C色线。

第16圈：在任一2针锁针边角处接D色线，3针锁针，在边角上钩（2针长针，2针锁针，3针长针），*1针锁针，[在下1针锁针上钩3针长针，1针锁针]14次，在下2针锁针边角上钩（3针长针，2针锁针，3针长针）；从*处重复2次，1针锁针，[在下1针锁针上钩3针长针，1针锁针]14次，用引拔针与起始的3针锁针最上面的1针连接，在下2针长针上钩引拔针，在边角处钩引拔针。剪断D色线。

收尾

将方块按照自己喜欢的方式3个一行排成4行组合起来。在任一2针锁针边角处接D色线，按照祖母方格的钩织方法钩一圈。剪断D色线。在任一2针锁针边角处接E色线，在一圈的每1针上钩1针长针，在每一个2针锁针边角上钩5针长针。剪断E色线。藏好线头，抻平。

莎拉谈色彩

随意组合使用手头上现有的各种颜色毛线，比如说桃红色、褐色、樱桃红色等，就能钩织出复古风的祖母方格睡毯。将暗沉的颜色分散使用在色彩明丽的每个方块中，会钩织出颜色统一和谐、极富美感的睡毯。要注意，不要把所有你喜欢的颜色一股脑地用在一个方块中，要把轻快的颜色和沉郁的颜色搭配使用达到平衡。

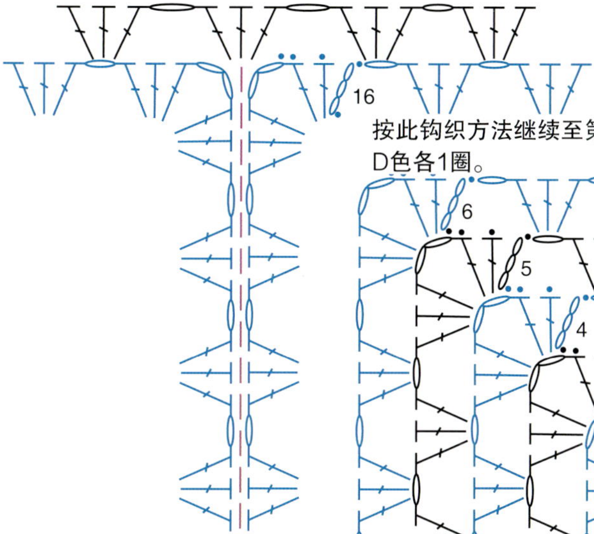

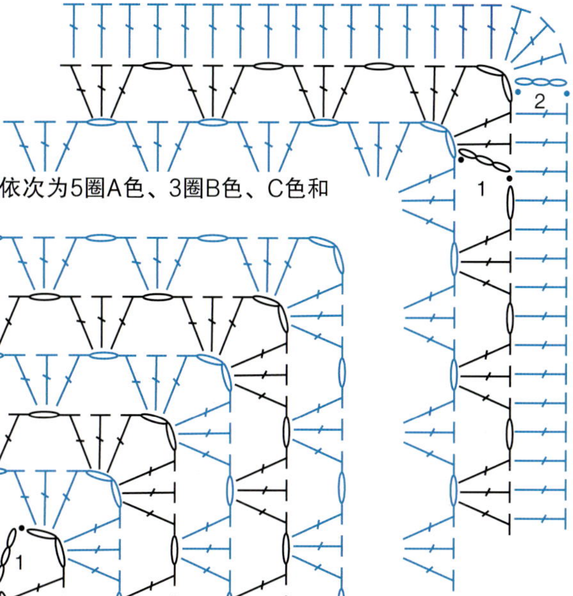

按此钩织方法继续至第16圈，颜色依次为5圈A色、3圈B色、C色和D色各1圈。

颜色列表

要想完全复制出睡毯1，就需要按照下面所列色彩配色：

方块1：#7804(A)，#9464(B)，#8914(C)

方块2：#8509 (A)，#7830 (B)，#9421 (C)

方块3： #9477 (A)，#9486 (B)，#8901 (C)

方块4： #8415 (A)，#8906 (B)，#2415 (C)

方块5：#8408 (A)，#8903 (B)，#7803 (C)

方块6：#9542 (A)，#8686 (B)，#8905 (C)

方块7：#9499 (A)，#8339 (B)，#9473 (C)

方块8：#9492 (A)，#8021 (B)，#8895 (C)

方块9：#9469 (A)，#9476 (B)，#9076 (C)

方块10：#2415 (A)，#8908 (B)，#8894 (C)

方块11：#7815 (A)，#9548 (B)，#9493 (C)

方块12：#9430 (A)，#4192 (B)，#7812 (C)

贴心热水袋套

热水袋套兼具实用和美观双重作用。底部一排简单实用的纽扣方便拆卸，这样给热水袋重复灌水的问题就轻而易举地解决了。

毛线

4卷精纺毛线，A、B、C、D 4种颜色各1卷

热水袋套用的是C220毛线（100%秘鲁高地羊毛，3.5oz/100g，220ya/201m），#7828(A)号色，#4192(B)号色，#9484(C)号色和#9492(D)号色

钩针

美制尺寸G/6（直径4mm）

其他材料

热水袋
3颗直径为13mm的纽扣
毛线缝针

成品尺寸

约23cm×29cm

方块

12个

使用A色线，5针锁针，用引拔针锁成一个圆环。

第1圈： 3针锁针，在圆环上钩2针长针，*2针锁针，在圆环上钩3针长针；从*处重复2次，2针锁针，用引拔针与起始的3针锁针最上面的1针连接，在下2针长针上钩引拔针，在边角处钩引拔针。剪断A色线。

第2圈： 在任一2针锁针边角处接B色线，3针锁针，在边角上钩（2针长针，2针锁针，3针长针），*1针锁针，在下2针锁针边角上钩（3针长针，2针锁针，3针长针）；从*处重复2次，1针锁针，用引拔针与起始的3针锁针最上面的1针连接，在下2针长针上钩引拔针，在边角处钩引拔针。剪断B色线。

第3圈： 在任一2针锁针边角处接C色线，3针锁针，在边角上钩（2针长针，2针锁针，3针长针），*1针锁针，在下1针锁针上钩3针长针，1针锁针，在下2针锁针边角上钩（3针长针，2针锁针，3针长针）；从*处重复2次，1针锁针，在下1针锁针上钩3针长针，1针锁针，用引拔针与起始的3针锁针最上面的1针连接，在下2针长针上钩引拔针，在边角处钩引拔针。剪断C色线。

第4圈： 在任一2针锁针边角处接D色线，3针锁针，在边角上钩（2针长针，2针锁针，3针长针），*1针锁针，[在下1针锁针上钩3针长针，1针锁针]2次，在下2针锁针边角上钩（3针长针，2针锁针，3针长针）；从*处重复2次，1针锁针，[在下1针锁针上钩3针长针，1针锁针]2次，用引拔针与起始的3针锁针最上面的1针连接，在下2针长针上钩引拔针，在边角处钩引拔针。剪断D色线。

收尾

按自己喜欢的方式将方块2个为一排，排成3排缝在一起，组成套子的前片。将剩余的6个方块按同样方式组合起来，做成套子的后片。

饰边（前后两片分开来钩）

第1圈：在任一2针锁针边角处接D色线，3针锁针，在边角上钩（2针长针，2针锁针，3针长针），*1针锁针，在下1针锁针上钩3针长针；从*处重复至整圈，在每一个2针锁针边角上钩（3针长针，2针锁针，3针长针），用引拔针与起始的3针锁针最上面的1针连接。剪断D色线。

前片正面朝上，沿着一条短边等距离缝上纽扣，前后两片反面相对，对齐四边，用D色线在每1针上钩1针短针，在每一个2针锁针的边角上钩3针短针，将各边缝合，只剩下缝了纽扣和暖水袋颈部的一部分开口。后片正对纽扣的另一边用短针走一行，到正对纽扣处，钩5针锁针做成一个扣环。剪断D色线。藏好线头。抻平，装上热水袋。扣上纽扣。

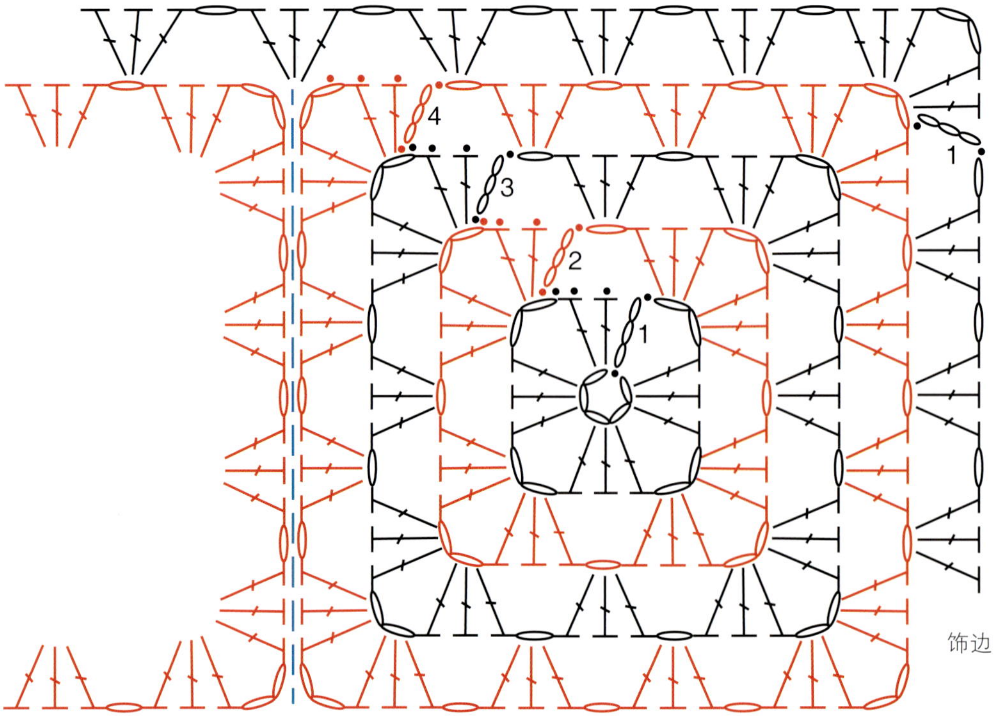

饰边

莎拉谈色彩

这个热水袋套用的是深黄色配上淡紫色，再加上宝蓝色和桃红色的这样一个搭配组合。深黄色和宝蓝色中间间隔了圈淡紫色，使各种颜色疏落有致地分布开来，最后用桃红色钩织饰边，并且把各个方块连在一起，相互搭配和谐有序，十分漂亮。

城市风靠垫

这款钩织的靠垫用了简单的黑白对比色，简简单单，视觉效果却极为震撼。这个极具现代感的设计在提升房间品位的同时并没有增加多余的色彩。漂亮的靠垫是不可或缺的床上用品，它能很好地延展寝室的空间感。

毛线

3卷精纺毛线，1卷A色毛线、2卷B色毛线

靠垫用的是C220毛线（100%秘鲁高地羊毛，3.5oz/100g，220ya/201m），#8505(A)号色和#8555(B)号色

钩针

美制尺寸H/8（直径5mm）

其他材料

35.5cm×35.5cm的抱枕芯
5颗直径为13mm的纽扣
毛线缝针

成品尺寸

约35.5cm×35.5cm

前片

使用B色线，5针锁针，用引拔针锁成一个圆环。

第1圈： 3针锁针，在圆环上钩2针长针，*2针锁针，在圆环上钩3针长针；从*处重复2次，2针锁针，用引拔针与起始的3针锁针最上面的1针连接，在下2针长针上钩引拔针，在边角处钩引拔针。剪断B色线。

第2圈： 在任一2针锁针边角处接A色线，3针锁针，在边角上钩（2针长针，2针锁针，3针长针），*1针锁针，在下2针锁针边角上钩（3针长针，2针锁针，3针长针）；从*处重复2次，1针锁针，用引拔针与起始的3针锁针最上面的1针连接，在下2针长针上钩引拔针，在边角处钩引拔针。剪断A色线。

第3圈： 在任一2针锁针边角处接B色线，3针锁针，在边角上钩（2针长针，2针锁针，3针长针），*1针锁针，在下1针锁针上钩3针长针，1针锁针，在下2针锁针边角上钩（3针长针，2针锁针，3针长针）；从*处重复2次，1针锁针，在下1针锁针上钩3针长针，1针锁针，用引拔针与起始的3针锁针最上面的1针连接，在下2针长针上钩引拔针，在边角处钩引拔针。剪断B色线。

第4圈： 在任一2针锁针边角处接A色线，3针锁针，在边角上钩（2针长针，2针锁针，3针长针），*1针锁针，[在下1针锁针上钩3针长针，1针锁针]2次，在下2针锁针边角上钩（3针长针，2针锁针，3针长针）；从*处重复2次，1针锁针，[在下1针锁针上钩3针长针，1针锁针]2次，用引拔针与起始的3针锁针最上面的1针连接，在下2针长针上钩引拔针，在边角处钩引拔针。剪断A色线。

第5圈： 在任一2针锁针边角处接B色线，3针锁针，在边角上钩（2针长针，2针锁针，3针长针），*1针锁针，[在下1针锁针上钩3针长针，1针锁针]3次，在下2针锁针边角上钩（3针长针，2针锁针，3针长针）；从*处重复2次，1针锁针，[在下1针锁针上钩3针长针，1针锁针]3次，用引拔针与起始的3针锁针最上面的1针连接，在下2针长针上钩引拔针，在边角处钩引拔针。剪断B色线。

第6圈：在任一2针锁针边角处接A色线，3针锁针，在边角上钩（2针长针，2针锁针，3针长针），*1针锁针，[在下1针锁针上钩3针长针，1针锁针]4次，在下2针锁针边角上钩（3针长针，2针锁针，3针长针）；从*处重复2次，1针锁针，[在下1针锁针上钩3针长针，1针锁针]4次，用引拔针与起始的3针锁针最上面的1针连接，在下2针长针上钩引拔针，在边角处钩引拔针。剪断A色线。

第7圈：在任一2针锁针边角处接B色线，3针锁针，在边角上钩（2针长针，2针锁针，3针长针），*1针锁针，[在下1针锁针上钩3针长针，1针锁针]5次，在下2针锁针边角上钩（3针长针，2针锁针，3针长针）；从*处重复2次，1针锁针，[在下1针锁针上钩3针长针，1针锁针]5次，用引拔针与起始的3针锁针最上面的1针连接，在下2针长针上钩引拔针，在边角处钩引拔针。剪断B色线。

第8圈：在任一2针锁针边角处接A色线，3针锁针，在边角上钩（2针长针，2针锁针，3针长针），*1针锁针，[在下1针锁针上钩3针长针，1针锁针]6次，在下2针锁针边角上钩（3针长针，2针锁针，3针长针）；从*处重复2次，1针锁针，[在下1针锁针上钩3针长针，1针锁针]6次，用引拔针与起始的3针锁针最上面的1针连接，在下2针长针上钩引拔针，在边角处钩引拔针。剪断A色线。

第9圈：在任一2针锁针边角处接B色线，3针锁针，在边角上钩（2针长针，2针锁针，3针长针），*1针锁针，[在下1针锁针上钩3针长针，1针锁针]7次，在下2针锁针边角上钩（3针长针，2针锁针，3针长针）；从*处重复2次，1针锁针，[在下1针锁针上钩3针长针，1针锁针]7次，用引拔针与起始的3针锁针最上面的1针连接，在下2针长针上钩引拔针，在边角处钩引拔针。剪断B色线。

第10圈：在任一2针锁针边角处接A色线，3针锁针，在边角上钩（2针长针，2针锁针，3针长针），*1针锁针，[在下1针锁针上钩3针长针，1针锁针]8次，在下2针锁针边角上钩（3针长针，2针锁针，3针长针）；从*处重复2次，1针锁针，[在下1针锁针上钩3针长针，1针锁针]8次，用引拔针与起始的3针锁针最上面的1针连接，在下2针长针上钩引拔针，在边角处钩引拔针。剪断A色线。

第11圈：在任一2针锁针边角处接B色线，3针锁针，在边角上钩（2针长针，2针锁针，3针长针），*1针锁针，[在下1针锁针上钩

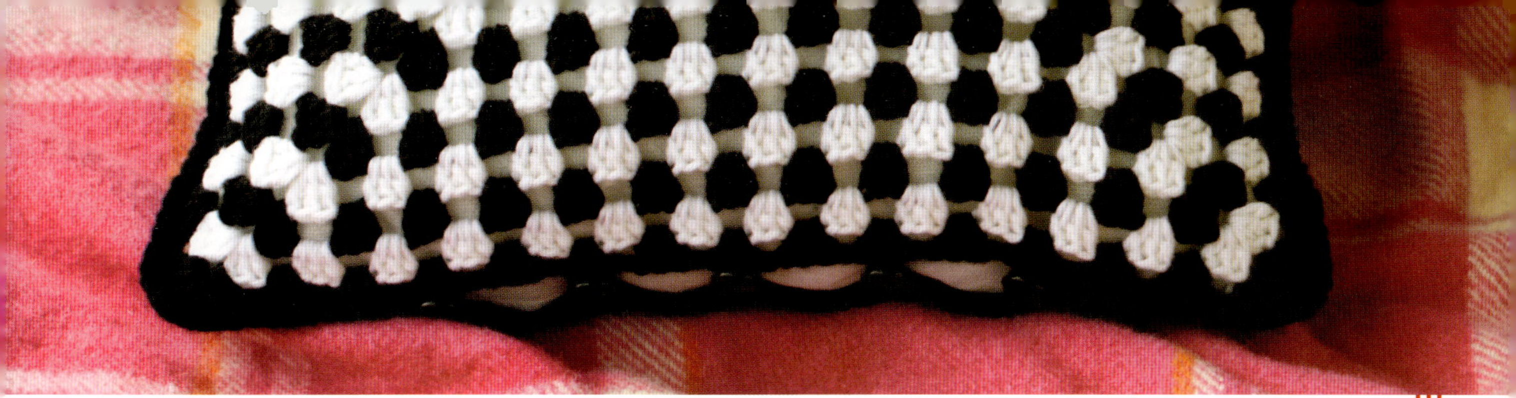

3针长针，1针锁针]9次，在下2针锁针边角上钩（3针长针，2针锁针，3针长针）；从*处重复2次，1针锁针，[在下1针锁针上钩3针长针，1针锁针]9次，用引拔针与起始的3针锁针最上面的1针连接，在下2针长针上钩引拔针，在边角处钩引拔针。剪断B色线。

第12圈：在任一2针锁针边角处接A色线，3针锁针，在边角上钩（2针长针，2针锁针，3针长针），*1针锁针，[在下1针锁针上钩3针长针，1针锁针]10次，在下2针锁针边角上钩（3针长针，2针锁针，3针长针）；从*处重复2次，1针锁针，[在下1针锁针上钩3针长针，1针锁针]10次，用引拔针与起始的3针锁针最上面的1针连接，在下2针长针上钩引拔针，在边角处钩引拔针。剪断A色线。

第13圈：在任一2针锁针边角处接B色线，3针锁针，在边角上钩（2针长针，2针锁针，3针长针），*1针锁针，[在下1针锁针上钩3针长针，1针锁针]11次，在下2针锁针边角上钩（3针长针，2针锁针，3针长针）；从*处重复2次，1针锁针，[在下1针锁针上钩3针长针，1针锁针]11次，用引拔针与起始的3针锁针最上面的1针连接，在下2针长针上钩引拔针，在边角处钩引拔针。剪断B色线。

第14圈：在任一2针锁针边角处接A色线，3针锁针，在边角上钩（2针长针，2针锁针，3针长针），*1针锁针，[在下1针锁针上钩3针长针，1针锁针]12次，在下2针锁针边角上钩（3针长针，2针锁针，3针长针）；从*处重复2次，1针锁针，[在下1针锁针上钩3针长针，1针锁针]12次，用引拔针与起始的3针锁针最上面的1针连接，在下2针长针上钩引拔针，在边角处钩引拔针。剪断A色线。

第15圈：在任一2针锁针边角处接B色线，3针锁针，在边角上钩（2针长针，2针锁针，3针长针），*1针锁针，[在下1针锁针上钩3针长针，1针锁针]13次，在下2针锁针边角上钩（3针长针，2针锁针，3针长针）；从*处重复2次，1针锁针，[在下1针锁针上钩3针长针，1针锁针]13次，用引拔针与起始的3针锁针最上面的1针连接，在下2针长针上钩引拔针，在边角处钩引拔针。剪断B色线。

后片

钩织方法和前片相同，全部使用B色线。

收尾

前片正面朝上，沿着一边等距离缝上纽扣。前后两片反面相对，对齐四边，用B色线在每1针锁针和长针上钩1针短针，在每一个2针锁针的边角上钩3针短针，将各边缝合，只剩下缝了纽扣的一部分开口。后面正对纽扣的另一边用短针走一行，到正对纽扣处，钩5针锁针做成一个扣环。剪断B色线。藏好线头，抻平，装上枕芯，扣上纽扣。即完成。

按此钩织方法继续至第15圈，颜色依次为B色、A色、B色、A色、B色、A色和B色各1圈。

莎拉谈色彩

通过将黑白两色每圈交换而钩织成的黑白相间的靠垫，给卧室制造了一股迷人的现代风。如今黑色元素被频繁地运用于家居装饰上，并且少量的黑色打底，能够突出其他的颜色，增加整个房间的平衡感。

第六章

浴室和洗衣房

接下来该给浴室和洗衣房添上一抹钩织带来的色彩了。第一个要介绍的作品是我个人最喜欢的家居用品——衣架，我总是在洗衣房里放上一大把钩织衣架，洗了精致的羊毛衫后，用它是最适合的了。各种颜色都钩织一个，这样挂在洗衣房里，像是一道彩虹，就是光看着也能打发掉一个个辛苦的洗衣日。如果还嫌洗衣房太单调，你还可以在窗帘上下功夫，在薄纱上点缀些许大大小小五颜六色的祖母方格，既增加了装饰性，还不影响透光。

接下来就该说说浴室的装饰了，首先介绍的是浴室垫。我的做法是尽量简化色彩，不至于和室内别的装饰在颜色上冲突。当然，如果你的目的就是为了显示浴垫，那就另当别论了！给毛巾加上条彩边是另一个增加浴室色彩的好办法，毛巾饰边可以把任何一条普普通通的素色毛巾变得与众不同。

甜美衣架

用钩针钩织的衣架一直都是我的最爱。它易学易做，而且还是适合送人的速成小礼物，虽然不贵重却能彰显心意。简单的长针与中长针的变换，最后用相配的丝带打结收尾，这样颜色多样、可爱实用的钩织衣架就做好了。

毛线

1卷精纺毛线

衣架用的是C220毛线（100%秘鲁高地羊毛，3.5oz/100g，220ya/201m）。衣架1用的是#7828号色，衣架2用的是#9492号色，衣架3用的是#9493号色

钩针

美制尺寸G/6（直径4mm）

其他材料

海绵衣架
丝带
毛线缝针

成品尺寸

长约40.5cm

第1圈：4针锁针，在从钩针处往回数的第4针锁针上钩11针长针，用引拔针与起始的3针锁针最上面的1针连接。

第2圈：3针锁针，*在下1针长针上钩2针长针，在下1针长针上钩1针长针；从*处重复4次，在下1针长针上钩2针长针，用引拔针与起始的3针锁针最上面的1针连接。

第3圈：2针锁针，在每1针长针上钩1针中长针，钩至整圈，用引拔针与起始的2针锁针上面的1针连接。

第4圈：3针锁针，在每1针中长针上钩1针长针，钩至整圈，用引拔针与起始的3针锁针最上面的1针连接。

重复第3、4圈18次。

第41圈：2针锁针，在下1针长针上钩1针未完成的长针，与2针锁针并为1针，*在下2针长针上钩2针长针并1针；从*处重复至整圈，用引拔针与第1个2针长针并1针的上面的1针连接。剪断毛线，留一段足够长的线头用来收尾。

收尾

藏好线头，抻展织物。套在海绵衣架上，在尾端开口处穿上线头，拉紧线头，把尾线收好，系上一个漂亮的蝴蝶结。

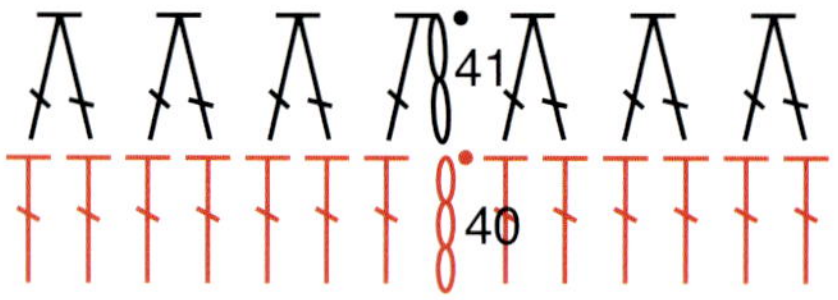

重复第3、4圈18次。

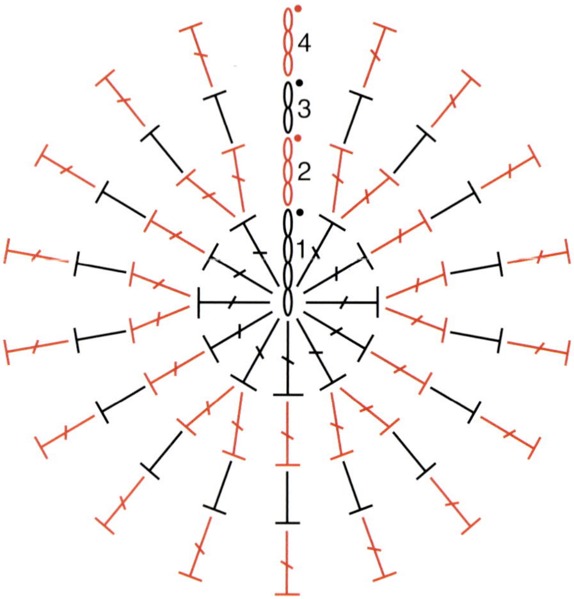

莎拉谈色彩

颜色不一的钩织衣架看起来都很漂亮。就像图中的衣架，一个是桃红色，一个是明黄色，都很不错。一把五颜六色的衣架不论是挂在墙上还是一字排开挂在衣柜里，都是一道美丽的风景。

飘逸窗帘

纱帘的妙处在于既能透光又能享有私人空间，所以选好颜色后，再点缀上五颜六色、大小不一的祖母方块，就能挂起来用了。它绝对能给洗衣房带来亮色，横扫沉闷。洗衣房是个可以让你随意发挥的自由空间，你大可以从窗帘开始尝试不同的颜色搭配。

毛线

各种颜色的精纺毛线各少许，每个方块所需毛线长14～131m

窗帘用的是C220毛线（100%秘鲁高地羊毛，3.5oz/100g，220ya/201m）

钩针

美制尺寸G/6（直径4mm）

其他材料

所需幅度的网状窗帘
毛线缝针
缝衣针
透明单丝线

成品尺寸

与所买窗帘的尺寸相同

方块a

3个

使用你喜欢的任一种颜色的毛线，5针锁针，用引拔针锁成一个圆环。

第1圈：3针锁针，在圆环上钩2针长针，*2针锁针，在圆环上钩3针长针；从*处重复2次，2针锁针，用引拔针与起始的3针锁针最上面的1针连接，在下2针长针上钩引拔针，在边角处钩引拔针。

第2圈：3针锁针，在边角上钩（2针长针，2针锁针，3针长针），*1针锁针，在下2针锁针边角上钩（3针长针，2针锁针，3针长针）；从*处重复2次，1针锁针，用引拔针与起始的3针锁针最上面的1针连接，在下2针长针上钩引拔针，在边角处钩引拔针。剪断现用色线。

第3圈：在任一2针锁针边角处接另一种颜色毛线，3针锁针，在边角上钩（2针长针，2针锁针，3针长针），*1针锁针，在下1针锁针上钩3针长针，1针锁针，在下2针锁针边角上钩（3针长针，2针锁针，3针长针）；从*处重复2次，1针锁针，在下1针锁针上钩3针长针，1针锁针，用引拔针与起始的3针锁针最上面的1针连接，在下2针长针上钩引拔针，在边角处钩引拔针。剪断现用色线。

第4圈：在任一2针锁针边角处接另一种颜色毛线，3针锁针，在边角上钩（2针长针，2针锁针，3针长针），*1针锁针，[在下1针锁针上钩3针长针，1针锁针]2次，在下2针锁针边角上钩（3针长针，2针锁针，3针长针）；从*处重复2次，1针锁针，[在下1针锁针上钩3针长针，1针锁针]2次，用引拔针与起始的3针锁针最上面的1针连接，在下2针长针上钩引拔针，在边角处钩引拔针。剪断现用色线。

第5圈：在任一2针锁针边角处接另一种颜色毛线，3针锁针，在边角上钩（2针长针，2针锁针，3针长针），*1针锁针，[在下1针锁针上钩3针长针，1针锁针]3次，在下2针锁针边角上钩（3针长针，2针锁针，3针长针）；从*处重复2次，1针锁针，[在下1针锁针上钩3针长针，1针锁针]3次，用引拔针与起始的3针锁针最上面的1针连接，在下2针长针上钩引拔针，在边角处钩引拔针。剪断现用色线。

方块 b

11个

钩织方法和方块a的第1～3圈一样，每圈都要换颜色。

方块 c

1个

钩织方法和方块a的第1～4圈一样，每圈都要换颜色。

方块 d

1个

钩织方法和方块a的第1～4圈一样，第3圈和第4圈要换颜色。

收尾

藏好线头，抻平织物。按喜欢的方式排列在窗帘上。用缝衣针和单丝线将它们固定到位。

方块c和方块d

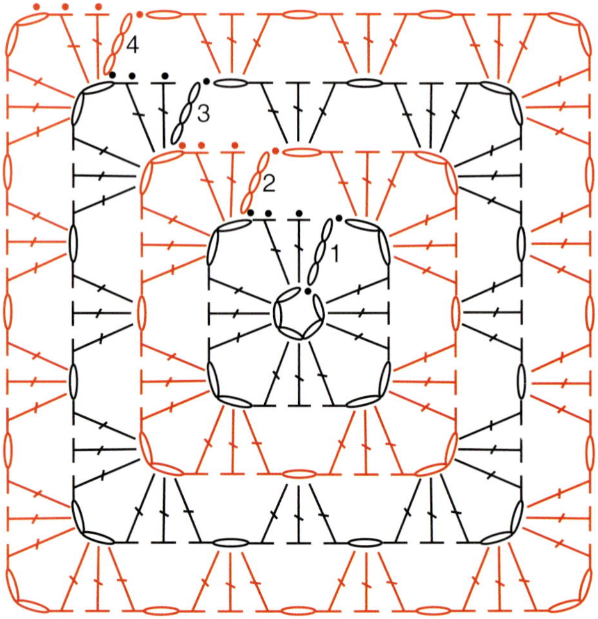

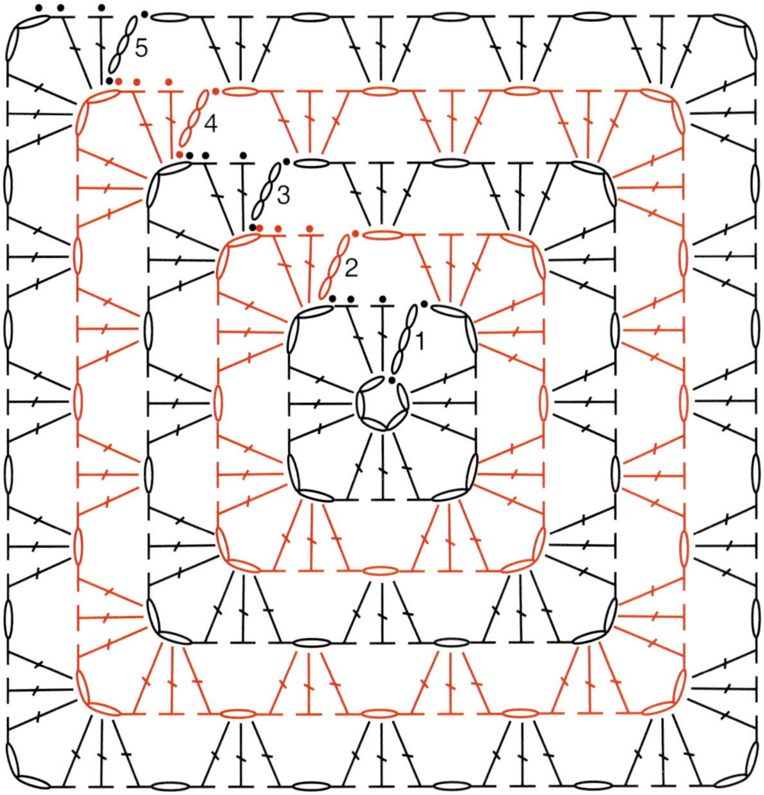

方块a

方块b

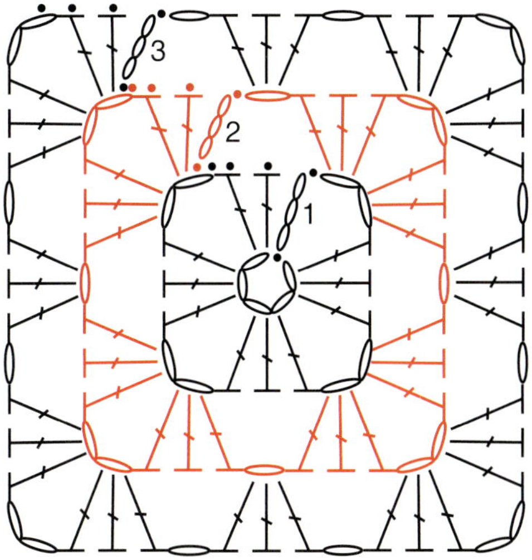

莎拉谈色彩

一组大小不同、颜色各异、钩织方法别致的祖母方块能够瞬间把阴暗的洗衣房变得明亮温暖。你可以大胆尝试各种不同的色彩，因为洗衣房里的家具和电器大都是白色的，不用担心颜色相冲的问题。

完美浴室垫

这个浴室垫用的色彩很淡，但美观性和实用性都兼备了。我们在选择毛线颜色时可以和浴室其他物品的颜色一致，以求整体的和谐；当然如果为了追求视觉效果，也可以用平时剩下的毛线头钩织一个花哨的浴室垫。因为是用纯毛线钩织成的，这个浴室垫吸湿性非常好，赤足站上去的触觉也相当不错。装饰性扇形饰边更是增加了浴垫的美观性。

毛线

5卷精纺毛线，A、B、C、D、E5种颜色各1卷

浴室垫用的是C220毛线（100%秘鲁高地羊毛，3.5oz/100g，220ya/201m），#8505(A)号色，#7830(B)号色，#9076(C)号色，#4192(D)号色和#8908(E)号色

钩针

美制尺寸G/6（直径4mm）

其他材料

毛线缝针

成品尺寸

53.5cm×43cm

第1圈：使用A色线，20针锁针，在从钩针往回数的第4针锁针上钩（2针长针，2针锁针，3针长针，2针锁针，3针长针），*1针锁针，跳过3针锁针，在下1针锁针上钩3针长针**；重复*到**2次，1针锁针，跳过3针锁针，在下1针锁针上钩（3针长针，2针锁针，3针长针，2针锁针，3针长针），在20针锁针的另一侧，重复*到**3次，1针锁针，用引拔针与起始的3针锁针最上面的1针连接，在下2针长针上钩引拔针，在边角处钩引拔针。

第2圈：3针锁针，在边角上钩（2针长针，2针锁针，3针长针），1针锁针，在下2针锁针边角上钩（3针长针，2针锁针，3针长针），*1针锁针，在下1针锁针上钩3针长针**；重复*到**3次，1针锁针，在下2针锁针边角上钩（3针长针，2针锁针，3针长针），1针锁针，在下2针锁针边角上钩（3针长针，2针锁针，3针长针）；重复*到**4次，1针锁针，用引拔针与起始的3针锁针最上面的1针连接，在下2针长针上钩引拔针，在边角处钩引拔针。

第3圈：3针锁针，在边角上钩（2针长针，2针锁针，3针长针），1针锁针，在下1针锁针上钩3针长针，1针锁针，在下2针锁针边角上钩（3针长针，2针锁针，3针长针），*1针锁针，在下1针锁针上钩3针长针**；重复*到**4次，1针锁针，在下2针锁针边角上钩（3针长针，2针锁针，3针长针），1针锁针，在下1针锁针上钩3针长针，1针锁针，在下2针锁针边角上钩（3针长针，2针锁针，3针长针）；重复*到**5次，1针锁针，用引拔针与起始的3针锁针最上面的1针连接，在下2针长针上钩引拔针，在边角处钩引拔针。

第4圈：3针锁针，在边角上钩（2针长针，2针锁针，3针长针），[1针锁针，在下1针锁针上钩3针长针]2次，1针锁针，在下2针锁针边角上钩（3针长针，2针锁针，3针长针），*1针锁针，在下1针锁针上钩3针长针**；重复*到**5次，1针锁针，在下2针锁针边角上钩（3针长针，2针锁针，3针长针），[1针锁针，在下1针锁针上钩3针长针] 2次，1针锁针，在下2针锁针边角上钩（3针长针，2针锁针，3针长针）；重复*到**6次，1针锁针，用引拔针与起始的3针锁针最上面的1针连接，在下2针长针上钩引拔针，在边角处钩引拔针。

18
0
1

第5圈：3针锁针，在边角上钩（2针长针，2针锁针，3针长针），[1针锁针，在下1针锁针上钩3针长针]3次，1针锁针，在下2针锁针边角上钩（3针长针，2针锁针，3针长针），*1针锁针，在下1针锁针上钩3针长针**；重复*到**6次，1针锁针，在下2针锁针边角上钩（3针长针，2针锁针，3针长针），[1针锁针，在下1针锁针上钩3针长针]3次，1针锁针，在下2针锁针边角上钩（3针长针，2针锁针，3针长针）；重复*到**7次，1针锁针，用引拔针与起始的3针锁针最上面的1针连接，在下2针长针上钩引拔针，在边角处钩引拔针。

第6圈：3针锁针，在边角上钩（2针长针，2针锁针，3针长针），[1针锁针，在下1针锁针上钩3针长针]4次，1针锁针，在下2针锁针边角上钩（3针长针，2针锁针，3针长针），*1针锁针，在下1针锁针上钩3针长针**；重复*到**7次，1针锁针，在下2针锁针边角上钩（3针长针，2针锁针，3针长针），[1针锁针，在下1针锁针上钩3针长针]4次，1针锁针，在下2针锁针边角上钩（3针长针，2针锁针，3针长针）；重复*到**8次，1针锁针，用引拔针与起始的3针锁针最上面的1针连接，在下2针长针上钩引拔针，在边角处钩引拔针。

第7圈：3针锁针，在边角上钩（2针长针，2针锁针，3针长针），[1针锁针，在下1针锁针上钩3针长针]5次，1针锁针，在下2针锁针边角上钩（3针长针，2针锁针，3针长针），*1针锁针，在下1针锁针上钩3针长针**；重复*到**8次，1针锁针，在下2针锁针边角上钩（3针长针，2针锁针，3针长针），[1针锁针，在下1针锁针上钩3针长针] 5次，1针锁针，在下2针锁针边角上钩（3针长针，2针锁针，3针长针）；重复*到**9次，1针锁针，用引拔针与起始的3针锁针最上面的1针连接，在下2针长针上钩引拔针，在边角处钩引拔针。

莎拉谈色彩

这个浴室垫用干净明快的白色做中心，用红色勾勒结构框架，然后使用浅绿色做出对比效果。清新的白色起到了淡紫色和浅绿色的分隔色作用。

按此钩织方法继续钩织浴室垫剩下的部分，毛线的颜色变换如下：

第8~11圈： A色线

第12、13圈： B色线

第14、15圈： C色线

第16、17圈： A色线

第18、19圈： D色线

第20、21圈： E色线

收尾

饰边

下一圈： 在任一长边右端的2针锁针边角处接A色线，1针锁针，在边角上钩（1针短针，1针锁针，3针长针，1针锁针，1针短针），*在下1针锁针上钩（1针短针，1针锁针，2针长针，1针锁针，1针短针）**；重复*到**23次，在下2针锁针边角上钩（1针短针，1针锁针，3针长针，1针锁针，1针短针）；重复*到**20次，在下2针锁针边角上钩（1针短针，1针锁针，3针长针，1针锁针，1针短针）；重复*到**24次，在下2针锁针边角上钩（1针短针，1针锁针，3针长针，1针锁针，1针短针）；重复*到**20次，用引拔针和第1针短针连接。剪断毛线。

藏好线头，抻平织物。

饰边

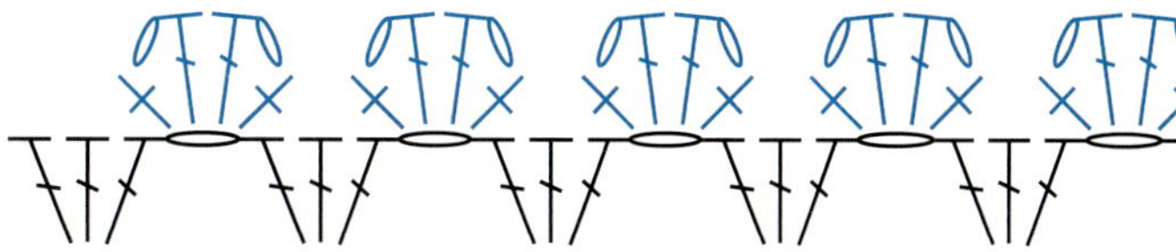

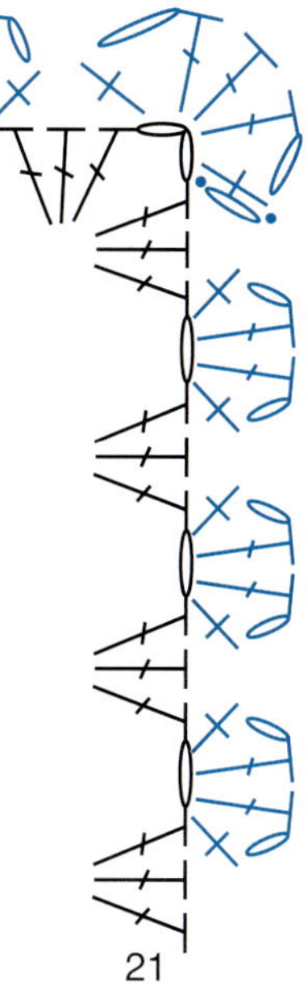

按此钩织方法继续至第21圈，颜色依次为7圈A色，然后B色、C色、A色、D色和E色各2圈。

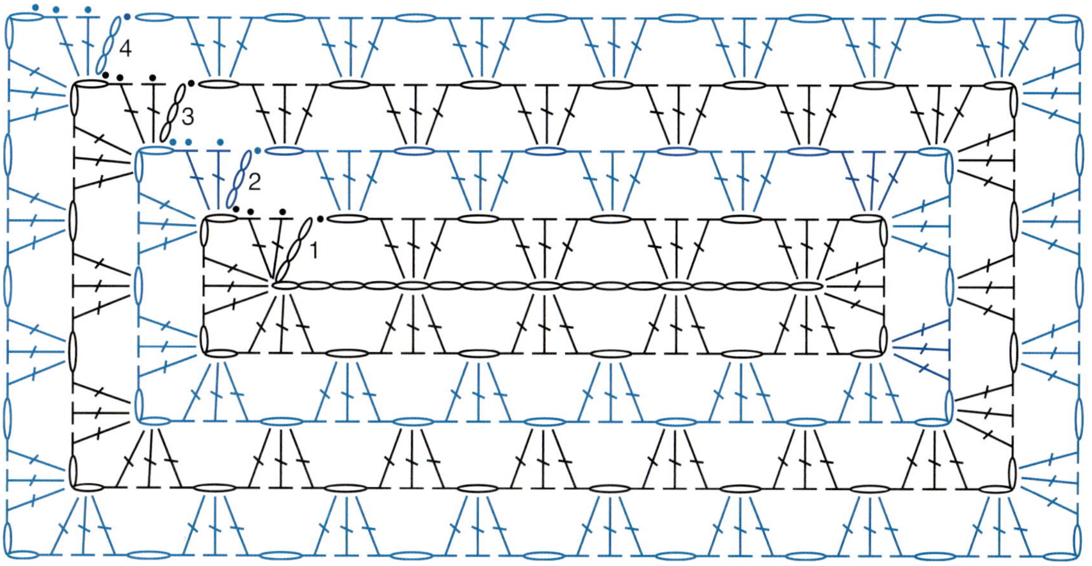

绚丽毛巾饰边

放一套搭配相宜的毛巾在客卫是主人好客之情的完美诠释，而放在主卫供日常使用则是对家人用心关爱的表现。普普通通的毛巾加上用毛线钩织的漂亮饰边就变得色彩绚丽起来。但是要注意与房间里墙漆、配饰等的颜色搭配。

毛线

4卷精纺毛线，A、B、C、D 4种颜色各1卷

毛巾饰边用的是C220毛线（100%秘鲁高地羊毛，3.5oz/100g，220ya/201m），#7830(A)号色，#9493(B)号色，#9469(C)号色和#4192(D)号色

钩针

美制尺寸G/6（直径4mm）

其他材料

标准尺寸毛巾
毛线缝针
缝衣针
透明单丝线

成品尺寸

宽68.5cm

第1圈：使用A色线，112针锁针，在从钩针往回数的第4针锁针上钩（2针长针，2针锁针，3针长针，2针锁针，3针长针），*1针锁针，跳过3针锁针，在下1针锁针上钩3针长针**；重复*到**25次，1针锁针，跳过3针锁针，在下1针上钩（3针长针，2针锁针，3针长针，2针锁针，3针长针），在112针锁针的另一侧，重复*到**26次，1针锁针，用引拔针与起始的3针锁针最上面的1针连接，在下2针长针上钩引拔针，在边角处钩引拔针。剪断A色线。

第2圈：在断线的2针锁针边角处接B色线，3针锁针，在边角上钩（2针长针，2针锁针，3针长针），1针锁针，在下2针锁针边角上钩（3针长针，2针锁针，3针长针），*1针锁针，在下1针锁针上钩3针长针**；重复*到**26次，1针锁针，在下2针锁针边角上钩（3针长针，2针锁针，3针长针），1针锁针，在下2针锁针边角上钩（3针长针，2针锁针，3针长针）；重复*到**27次，1针锁针，用引拔针与起始的3针锁针最上面的1针连接，在下2针长针上钩引拔针，在边角处钩引拔针。剪断B色线。

第3圈：在断线的2针锁针边角处接C色线，3针锁针，在边角上钩（2针长针，2针锁针，3针长针），1针锁针，在下1针锁针上钩3针长针，1针锁针，在下2针锁针边角上钩（3针长针，2针锁针，3针长针），*1针锁针，在下1针锁针上钩3针长针**；重复*到**27次，1针锁针，在下2针锁针边角上钩（3针长针，2针锁针，3针长针），1针锁针，在下1针锁针上钩3针长针，1针锁针，在下2针锁针边角上钩（3针长针，2针锁针，3针长针）；重复*到**28次，1针锁针，用引拔针与起始的3针锁针最上面的1针连接，在下2针长针上钩引拔针，在边角处钩引拔针。剪断C色线。

第4圈：在断线的2针锁针边角处接D色线，3针锁针，在边角上钩（2针长针，2针锁针，3针长针），[1针锁针，在下1针锁针上钩3针长针]2次，1针锁针，在下2针锁针边角上钩（3针长针，2针锁针，3针长针），*1针锁针，在下1针锁针上钩3针长针**；重复*到**28次，1针锁针，在下2针锁针边角上钩（3针长针，2针锁针，3针长针），[1针锁针，在下1针锁针上钩3针长针]2次，1针锁针，在下2针锁针边角上钩（3针长针，2针锁针，3针长针）；重复*到**29次，1针锁针，用引拔针与起始的3针锁针最上面的1针连接，在下2针长针上钩引拔针，在边角处钩引拔针。剪断D色线。

第5圈：在断线的2针锁针边角处接A色线，3针锁针，在边角上钩（2针长针，2针锁针，3针长针），[1针锁针，在下1针锁针上钩3针长针]3次，1针锁针，在下2针锁针边角上钩（3针长针，2针锁针，3针长针），*1针锁针，在下1针锁针上钩3针长针**；重复*到**29次，1针锁针，在下2针锁针边角上钩（3针长针，2针锁针，3针长针），[1针锁针，在下1针锁针上钩3针长针]3次，1针锁针，在下2针锁针边角上钩（3针长针，2针锁针，3针长针）；重复*到**30次，1针锁针，用引拔针与起始的3针锁针最上面的1针连接，在下2针长针上钩引拔针，在边角处钩引拔针。剪断A色线。

收尾

藏好线头，抻平织物，用针线将饰边缝在毛巾边缘处。

钩织方法缩简图

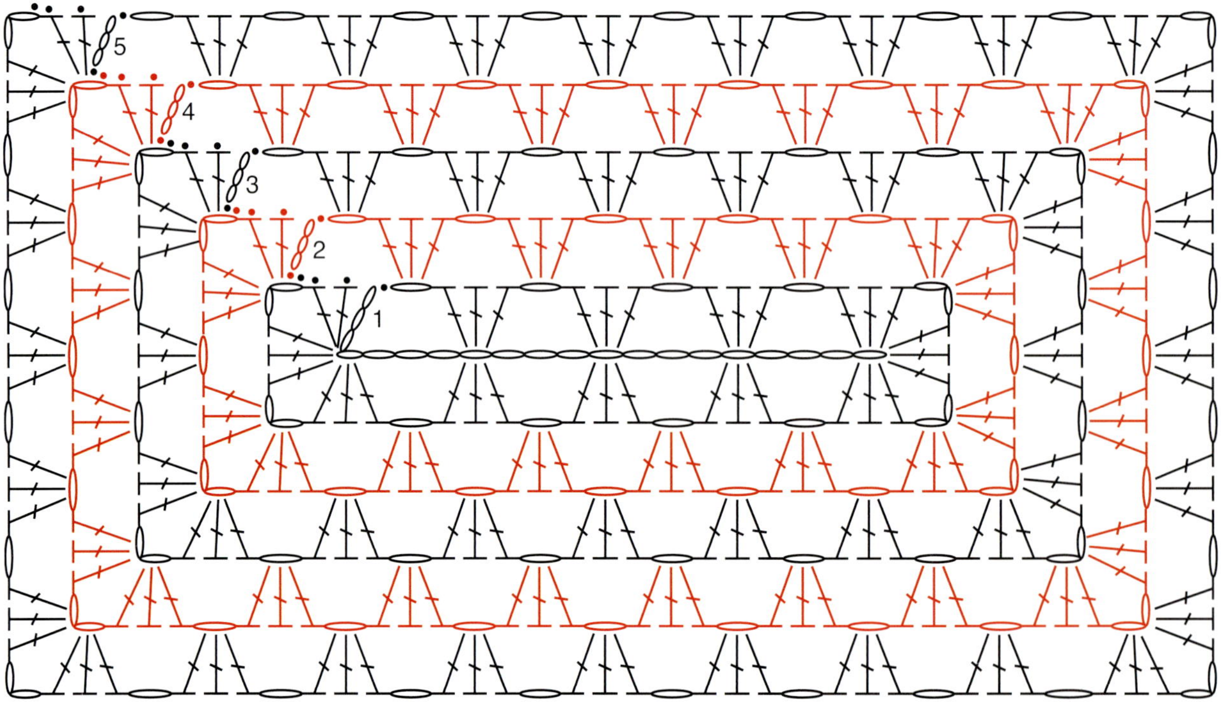

莎拉谈色彩

这个毛巾饰边所用的颜色和浴室垫的颜色是呼应的，而且配的是纯白色的毛巾。如果配的是单色的毛巾，为了色彩的统一和协调，建议你在选色时让其中一种颜色与毛巾的颜色相同。

针法术语与符号

在讲解各种作品的钩织方法时，我用的是自己比较喜欢的美式术语。相应的英式和澳大利亚术语，请参照下表。

美式钩织术语		英式或澳大利亚钩织术语
锁针(ch)	○	锁针(ch)
引拔针 (sl st)	·	引拔针 (ss)
短针 (sc)	+	短针 (dc)
中长针 (hdc)	T	中长针 (htr)
长针 (dc)	Ŧ	长针 (tr)

钩针型号换算表

美式尺寸	直径(mm)
B/1	2.25
C/2	2.75
D/3	3.25
E/4	3.5
F/5	3.75
G/6	4
7	4.5
H/8	5
I/9	5.5
J/10	6
K/10$^1/_2$	6.5
L/11	8
M/13, N/13	9
N/15, P/15	10
P/Q	15
Q	16
S	19

著作权合同登记号：图字 16—2013—025

图书在版编目（CIP）数据

爱意浓浓的祖母方格 /（澳）莎拉·伦敦著；常丽丽译．—郑州：河南科学技术出版社，2014.6
ISBN 978-7-5349-6845-7

Ⅰ. ①爱… Ⅱ. ①莎… ②常… Ⅲ. ①钩针－编织－图集 Ⅳ. ①TS935.521-64

中国版本图书馆 CIP 数据核字 (2014) 第 026440 号

出版发行：河南科学技术出版社
地址：郑州市经五路66号　邮编：450002
电话：（0371）65737028　65788613
网址：www.hnstp.cn
策划编辑：刘　欣
责任编辑：李　平
责任校对：张小玲
封面设计：任　凌
责任印制：张艳芳
印　　刷：北京盛通印刷股份有限公司
经　　销：全国新华书店
幅面尺寸：215 mm × 215 mm　印张：7　字数：180千字
版　　次：2014年6月第1版　2014年6月第1次印刷
定　　价：29.00 元